建立思维能力的35节课

思维工具箱

[美] 纳撒尼尔 · 布鲁多恩

[美] 汉斯 · 布鲁多恩 / 著

赵 晴 / 译

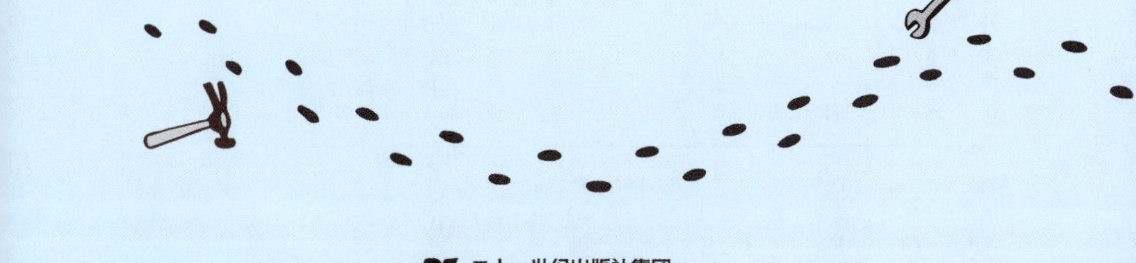

二十一世纪出版社集团

21st Century Publishing Group

图书在版编目（CIP）数据

思维工具箱：建立思维能力的 35 节课 /（美）汉斯·布鲁多恩，（美）纳撒尼尔·布鲁多恩著；赵晴译．-- 南昌：二十一世纪出版社集团，2024.9（2025.11 重印）
ISBN 978-7-5568-7926-7

Ⅰ．①思… Ⅱ．①汉… ②纳… ③赵… Ⅲ．①逻辑思维 - 少儿读物 Ⅳ．① B804.1-49

中国国家版本馆 CIP 数据核字 (2023) 第 226383 号

SIWEI GONGJUXIANG

思维工具箱

[美]汉斯·布鲁多恩
[美]纳撒尼尔·布鲁多恩/著
赵晴/译

出 版 人	刘凯军		
策划编辑	杨 华		
责任编辑	杨 华		
美术编辑	赵 倩		
出版发行	二十一世纪出版社集团（江西省南昌市子安路75号 330025）		
网 址	www.21cccc.com cc21@163.net		
经 销	全国各地书店	印 张	7.125
开 本	720 mm × 960 mm 1/32	印 数	9501~12500册
字 数	173千字	版 次	2024年9月第1版
书 号	ISBN 978-7-5568-7926-7	印 次	2025年11月第3次印刷
印 刷	江西千叶彩印有限公司	定 价	48.00元

目录

第二章

正反观点工具

第三章 科学研究的工具

第四章 项目和游戏

引 言

如何使用这本书？

希望这本书简便易用，不需要额外的解释和说明。这本书其实是一个让人欲罢不能的推理悬案，但我怀疑我们那台打印机会偷偷摸摸地往书里塞满味同嚼蜡的逻辑知识。万一这事真的发生了，这儿有几个小贴士，能教会你怎么用这本书。

① 这本书适合10岁以上的读者，包括成年人。我们的另一本书《谬误神探》可以作为新手学习逻辑的起点。两本书互为补充，可以一同使用。

② 你可以自己阅读这本书，也可以与他人一起阅读。许多读者都说和其他人一起讨论逻辑问题很有帮助。因为这种讨论可以拓展我们的思维，也有助于我们寻找答案。

③ 多数课的后面都有一些练习。即使你对某一课的内容没有完全

搞懂，也请你做做练习——它们也是学习的一部分。通过练习，你可能会弄明白之前没弄懂的内容。如果你还是不明白，那就不妨再读一遍。你也可以跟别人一起讨论，说说自己哪里没想通。

④ 你应该把这本书当作一个跳板，让它帮你实现一个大目标。如果你是学生，这个大目标可以是一次科学竞赛、一篇历史研究论文或者一个卖蜗牛的创业项目。如果你是成年人，那你不妨使用这本书中的思维工具来解决一些实际问题，比如，怎么才能说服你的小孩去卖柠檬水而不是卖蜗牛。

第一章 CHAPTER

思维工具

第 1 课

什么是思维工具？

案例

请想象以下场景：

妈妈让你一个人去药房买药。回家的时候，一辆黑色面包车在你旁边停下来，一个长着大胡子的家伙从车窗里探出头来……

大胡子：嘿，小孩儿，想不想要一袋糖？给你！来来来，快上车，我带你去兜风。别担心，你妈妈已经同意了。

你：等等，让我想想，我怎么知道你说的是真话？

分析

此时此刻，你得想明白：到底能不能相信黑色面包车上的这个大胡子男人？他说的是真话吗？你妈妈真的说过可以和他一起去兜风吗？你需要一些“工具”来帮你决断。

这本书就像一个工具箱，里面满是各种各样的工具，可以帮你完成不同的思维任务。修下水道的时候，你会从工具箱里拿出扳手；解决思维问题的时候，你就可以用上这本书里提供的工具。

思维工具往往会以问句的形式出现——这个人是否信得过？他有撒谎的动机吗？这件事有没有两面性？我应该相信哪一个？……思维工具可以解决各种各样的思维问题，从研究历史到搞明白家里的奶牛为什么生病，再到决定要不要相信黑色面包车里的大胡子男人。

大胡子：*来吧，孩子，我还能骗你吗？*

你：*你是一手信息源吗？*

大胡子：*你说啥？*

你：*我的意思是，是我妈妈亲口跟你说让你带我去兜风，还是别人跟你说的？你做这件事的目的是什么？你有撒谎的动机吗？*

大胡子：*啥意思？*

你：*还有证据，你有确凿的证据证明你说的是真话吗？有证人或者其他间接证据吗？*

大胡子：*什么？*

你：*如果这些问题你都回答不上来，我才不会跟你走。我爸爸说过，我不应该和陌生人说话。*

小结

这本书里的每节课都将教你认识一个思维工具以及如何使用它。等你读完这本书，你就会在你的思维工具箱中积攒下很多工具，这些工具包括：

· 如何列出相信某事的理由

· 如何分析对立观点

· 检查证据和信息来源

· 头脑风暴

· 科学研究方法

我们在这节课里要学习的思维工具，估计你爸妈早就教过你了：仅仅因为别人告诉了你某件事，不代表这件事就一定是真的！

你：等等，我还是上车吧。你打算去哪儿？

大胡子：什么？！不不不，你不应该上车，你不应该相信陌生人。你爸爸告诉你多少次了：不要相信陌生人！

你：没错，但我觉得这次我可以相信“陌生人”，爸爸。

大胡子：怎么回事……是什么让我露馅儿了？

你：是你的大胡子，你在圣诞节演出时用的也是它。

爸爸：那我有没有骗住你一小会儿？

你：完全没有！你反倒是让我有机会用用我在《思维工具箱》中学会的工具。

爸爸：为庆祝你成功破案，我觉得我们应该吃个冰激凌！

你：好主意！

练习

一、看看下面的每段话，说一说你是否相信说话的人。

1. 图书管理员：《澳大利亚毒蛇指南》中说澳大利亚的死亡蛇很容易被识别，它有三角形的头、短粗的身体和尖细的尾巴；死亡蛇的毒液有剧毒，在抗蛇毒血清问世之前，大约60%被死亡蛇咬伤的人最后都死了；书里还说，如果你被死亡蛇咬到，应该立即就医。

值得相信 ☐　　　　*不值得相信* ☐

2. 飞机上坐在你旁边的人说：我在一本书中读到，澳大利亚死亡蛇并没有大家说的那么可怕。书里说，如果你被它咬到，只需要喝一升柠檬汁，因为酸味的东西能解毒。这是真的，因为这本书的作者是专门治疗毒蛇咬伤的专家。

值得相信 ☐　　　　*不值得相信* ☐

3. 澳大利亚原住民说：是的，伙计，那是一种非常讨厌的蛇，我们叫它死亡蛇。如果我是你，我绝不会碰它——它有剧毒。我曾经被咬过，我的腿差点儿被从膝盖截肢。

值得相信 ☐　　　　*不值得相信* ☐

4. 你的宿敌：别担心，这不是澳大利亚死亡蛇，它就是一条东方虎蛇，完全不伤人。我当然知道啦，我可是澳大利亚蛇类专家。你想不想把它拿在手里？

值得相信 ☐　　　　*不值得相信* ☐

5. 《澳大利亚毒蛇指南》：东方虎蛇栖息在非洲南部，它的蛇毒对人类没有不良影响。但当它受到威胁时，它也会攻击人类。

值得相信 ☐　　　　*不值得相信* ☐

二、以下哪个人不同意另外两个人的观点？

甲：我觉得咱们迷路了，咱们一直在原地转圈。咱们在这个巴西丛林里待了一个星期，不断看到同样的景物。

乙：咱们没有迷路。丛林看上去都差不多，而且，咱们是一直顺着这条河往下游走

练习 XO

的，河是不会原地转圈的。如果咱们继续走，咱们就会到达开罗，就像我买的这本《旅游指南》里说的那样。

丙：我觉得这本《旅游指南》有点不靠谱。书里说开罗在埃及，但我看见的所有标志都是用阿拉伯语写的。我觉得咱们早就不在巴西丛林里了，咱们迷路了。

甲 □　　　　乙 □　　　　丙 □

三、你认为下面哪段话最有说服力？

甲：我认为在落基山脉徒步旅行比在阿巴拉契亚山脉徒步旅行要有趣得多。落基山脉景色多变，风景更好。而且，落基山脉到处都是松树林，这意味着徒步时不需要走那么多灌木丛。另外，由于西部气候比较干燥，路上没有那么多烦人的虫子。

乙：我认为在阿巴拉契亚山脉徒步旅行比在落基山脉徒步旅行的体验更好。阿巴拉契亚山脉没有那么高，徒步的时候会轻松很多，这样就可以更好地欣赏风景。另外，我发现落叶林比松树林美丽得多，尤其是在秋天。再有，由于湿度大，在阿巴拉契亚山脉旅行你也不会觉得皮肤干燥。

甲 □　　　　乙 □

四、阅读下面的故事，你觉得发生了什么？

警长可不是吃素的，在搬来烟囱镇之前，他已经不止一次走过这条路，对左轮手枪熟得不能再熟。所以当警长看到这个陌生人出现在镇上时，他就知道麻烦来了，而这个陌生人去的正是街道拐角处的蟑螂咖啡馆。

警长从办公室墙上扯下通缉令，大步走向蟑螂咖啡馆。他觉得这个陌生人有点眼熟，所以决定一探究竟。不料走在半路，警长就听到咖啡馆里传来的枪声——看来麻

O X 练习

烦已经来了。

警长推开旋转门，勘查了咖啡馆现场。那个陌生人站在屋子中间，在他左右各有一个男的躺在地上，中枪而死，手里都拿着一把左轮手枪。屋子里满是火药味儿，但这个陌生人手里并没有枪。

警长：有谁看到这里发生了什么？

女服务员：警长，我看见了。我看到那个陌生人进门，然后坐在这两个男人中间——就是死了的这两个人。这两个人都看到了那个陌生人，然后他们就掏出枪来，朝他开枪。那个动静可大了！火药味儿也真呛人！然后我就瞧见那两个人都倒在地上死了。

顾客山姆：我没看清，但我敢肯定是两把枪开火。我四处张望的时候，就看见地板上躺着那两个人。这个陌生人一定是个快枪手——那两个人可都不是好惹的，一个名叫“扑克脸”皮特，另一个叫“小孩儿”，他们过去都是“死眼珠”黑帮的，黑帮老大就是“死眼珠”丹尼。后来他们被黑帮开除了，发誓要报复“死眼珠”丹尼。

警长注意到，死的这两个人的枪里都少了一枚子弹。警长朝陌生人走过去，问道：“你是那个臭名昭著的黑帮老大‘死眼珠’丹尼吗？”

陌生人：不，您一定误会了。我叫“铁锈”，人们总把我错认成“死眼珠”丹尼，但我从来没见过他。我啥都没干，瞧，我连枪都没有！我就是来这儿喝咖啡的。

第 2 课

讨论、分歧、争论和争吵

大多数的对话都可以被归为四类：讨论、分歧、争论或争吵。让我们一起来看看吧。

案例

凯西：你好，罗伯特。你怎么样啊？

罗伯特：还不错，但我希望能马上下雨，我的牵牛花快要干死了。听说今天还是没有雨。

凯西：气象预报说这周晚些时候会下雨。

分析

这段对话只是一场讨论。凯西和罗伯特在分享信息，他们掌握的信息可能有所不同，但他们彼此同意对方的看法。

讨 论

对话继续——

罗伯特：哦，但愿如此。你从哪里听说要下雨？

凯西：电视台的天气预报，我一向都是通过看电视来了解天气的。

罗伯特：是吗？我更喜欢去天气网查询。

分 歧

现在，罗伯特的看法跟凯西的有所不同，凯西通过看电视了解天气，而罗伯特更喜欢在天气网上查询天气。他们仍然在讨论，但他们的意见出现了分歧。让我们看看当他们试图说服对方时会发生什么——

凯西：我认为电视台的天气预报更准确，每次它们预测有暴雨，暴雨就真的来了。如果我是你，我不会在网上查，网上的信息似乎没那么准确。

罗伯特：我印象中可不是这样的。电视台天气预报的信息的确还算准确，但天气网的准确度更胜一筹。天气网还因此获得了国家气象学家协会奖。

现在，罗伯特和凯西正在为他们的看法提供证据，他们在争论。

争　论

我知道“争论”听起来像是个讨厌的字眼，但它其实不是个贬义词。这仅仅说明凯西和罗伯特都认为在这个时候，他们应该有理有据地说服对方。只要他们文明地进行讨论，这种争论就很正常。

每当有人陈述观点并给出支持观点的理由时，这个人就是在呈现他的观点。每当两个或两个以上的人参与陈述不同的观点和支持这些观点的理由时，他们就是在争论。

争论不讨人喜欢，往往是因为争论会变味，变成争吵。

凯西：哦，真的吗？我敢打赌你是瞎编的，根本没有国家气象学家协会这个组织。

罗伯特：我没有瞎编。你这么说是什么意思？

凯西：你总瞎编，显得你什么都知道。要我说，你好几年都没说过真话了。

罗伯特：至少我不是像你这样的“八卦精”。我走了！

凯西：我希望你的牵牛花干成一团，被虫子吃掉。

争　吵

凯西和罗伯特吵起来了，他们不再谈论谁预报天气更准，而是互相攻击，侮辱对方。凯西说罗伯特是“骗子”，罗伯特管凯西叫“八卦精”——这些都是难听的外号。争论和争吵之间没有明确的界限，但是，一旦两个人都情绪激动并开始侮辱对方，这很有可能就是争吵。

小结

1. 当人们交换观点的时候，他们就是在进行一场“讨论”。

2. 人们交换不同的意见，这就是“分歧”。

3. 人们交换不同的观点以及产生这些观点的理由，这就是“争论”。

4. 人们相互攻击和彼此侮辱，就是“争吵”。

练习 XO

请你看看以下对话，它们是讨论、分歧、争论、争吵中的哪一种？

1. 妈妈：乔伊，你该睡觉了。

乔伊：我不想睡觉，我想熬夜。

讨论 □　　分歧 □　　争论 □　　争吵 □

2. 弗雷德：啊——疼死了，蜜蜂把我给蜇了。

德夫：那不是蜜蜂，那是黄蜂，它们很容易区分。

弗雷德：不对，那一定是蜜蜂，它发出一种嗡嗡的声音。黄蜂在蜇人之前不会有这种声音。你真笨！

德夫：我还是觉得那是黄蜂。蜜蜂尾针上有倒刺，黄蜂可没有。

讨论 □　　分歧 □　　争论 □　　争吵 □

3. 苏珊：我们去玩过家家吧。

卡贝尔：我宁愿玩买东西游戏。

讨论 □　　分歧 □　　争论 □　　争吵 □

4. 先生：亲爱的，我给你买了鲜花庆祝你的生日。

太太：今天不是我的生日，我的生日在上个月。

先生：我是说……庆祝咱们的结婚纪念日。

太太：结婚纪念日在下个月。

先生：对不起，亲爱的，我总忘。

太太：没事，谢谢你买花给我。

讨论 □　　分歧 □　　争论 □　　争吵 □

5. 汤姆：我们应该去哪里吃饭？

苏珊：我喜欢美式牛排店，我们去那儿吧！

汤姆：好吧。

练习

讨论 □ 分歧 □ 争论 □ 争吵 □

6. 先生：看，亲爱的，我买了鲜花庆祝咱们的结婚纪念日。蓝色的，就像我们结婚那天的花一样。

太太：才不是，咱们结婚那天的花是红色的。

先生：蓝色。

讨论 □ 分歧 □ 争论 □ 争吵 □

7. 先生：看，亲爱的，我为庆祝你的生日买了鲜花。

太太：得了吧，你还不是想讨好我，还不是因为你割草的时候把我的飞燕草给压坏了！你就是怕我生气，你才不在乎我的生日呢！

先生：如果你不把你那些无聊的花草种在莫名其妙的地方，也许我就能记得绕开它们。

太太：别找借口了，你明明知道我告诉过你别在那儿割草。

先生：没，你没说。你只说了不要割什么飞什么草的玩意儿，我怎么知道它们长什么样？

讨论 □ 分歧 □ 争论 □ 争吵 □

第 3 课

什么时候争论是愚蠢的

通常说来，在任何情况下，和别人进行讨论都是恰当之举。但有些时候，对别人的意见提出异议（即产生分歧）或和别人争论就不一定恰当。而基本上在任何情况下，争吵都是不合适的。

比如，一位受人尊重的长辈走上前来与你握手，此时和他进行愉快的讨论是恰当的，而向他表达不同意见可能就不合适。当然，争论和争吵也是不合适的。

再比如，你正在上课，发现老师讲课的时候犯了一个严重的错误——他说东南亚的眼镜王蛇没有毒，只是一种可爱的蛇，还喜欢别人亲它的鼻子。在这种情况下，你可以站起来表达不同的观点，或者和老师争论一番也是合适的。你可以解释说：眼镜王蛇是有毒的，它能产生剧毒的毒液；如果被咬的人得不到及时医治，必死无疑。

但有的时候，争论完全是浪费时间——

案例

弗雷德：南达科他州的州府是哪里？我不知道。

德夫：我也不知道。也许是塔尔萨？

弗雷德：我认为是洛杉矶。洛杉矶听起来像瑞典语，我知道南达科他州有很多瑞典人。

德夫：不可能，一定是塔尔萨。我的祖母是瑞典人，她说她曾经去过塔尔萨。

分析

尽管弗雷德和德夫都承认他们不知道南达科他州的州府是哪里，但他们仍争论不休。除非他们其中一人找个地图去查一查，不然他们就是在浪费时间。

在另外一些时候，我们不应该争论——

某人：*哎，你！你把车停得离我的车太近了，挪走！*

汉斯：*在你来之前我就停在这里了，是你把车停得离我的车太近。*

某人：*甭跟我来这一套，赶紧把你的车挪走！*

有时候跟别人争论是个危险的事。如上例中，这个人显然心情不好，头脑也不清楚，因此，跟他争论到底是谁先停好的车，只会让他气不打一处来，也会让你的心情更糟糕。

小结

什么时候争论可能是愚蠢的？

1. 当社交场合不合适的时候。

2. 当两个人都对争论的话题缺乏真正了解的时候。

3. 当争论的一方很生气，而且头脑不清楚的时候。

练习 XO

一、以下情况中，你认为哪种情况应该争论？

1. 服务员：总共是 4.28美元。

你：我刚刚付了咖啡的钱给你。

服务员：你没付，你还欠着咖啡的钱呢，总共5.42美元，谢谢！

应该争论 □　　　　不应该争论 □

2. 汉斯：真要命，这篇文章现在是1400字，而字数要求是700字，我得大删特删一通。

纳撒尼尔：实际上，我记得是723个字。

汉斯：不，我清楚地记得是700个字。

纳撒尼尔：723个字。

应该争论 □　　　　不应该争论 □

3. 法官：你被指控在公共街道上乱穿马路。你是否认罪？

被告：我不认罪，尊敬的法官。

应该争论 □　　　　不应该争论 □

4. 米兰诺：我下个星期要去奥克兰，澳大利亚的首都。

你：奥克兰在新西兰，堪培拉才是澳大利亚的首都。百科书上是这么说的，世界地图里是这么说的，我的澳大利亚朋友也是这么说的。

米兰诺：他们都弄错了！澳大利亚的首都开头肯定念“奥”啊！

应该争论 □　　　　不应该争论 □

5. 奥斯汀：哈哈，打着你啦！我的射线枪打中你了，你死了！

亚当：但是我身上有原子盔甲，它反射了你的射线，所以死的是你，不是我。

奥斯汀：我的射线枪可是穿甲的，你死定了。

亚当：但是我的盔甲有特殊涂层，可以阻挡穿甲射线。

练习

奥斯汀：我的射线枪很特别，它能穿过那一层。

应该争论 ☐　　　　不应该争论 ☐

6. 一个金发碧眼的澳大利亚小伙子递给英国女王一条澳大利亚死亡蛇："看哪，它是不是特漂亮？嗯，别害怕，它完全不会伤人，它是不会咬女王陛下您的。"

应该争论 ☐　　　　不应该争论 ☐

二、以下例子中，说话的人是否给出了他的论证？

1. 拿去！吃点胡萝卜，它们对你的眼睛有好处。

给出论证 ☐　　　　没有给出论证 ☐

2. 你这个莽撞的家伙，哪有你这么开车抢道的？

给出论证 ☐　　　　没有给出论证 ☐

3. 学习逻辑思维技巧，不光是为了想方设法找出证据，确保论点站得住脚，击败对手，而且能让我们知道什么是对的，弄清楚在哪些场合争论是恰当的。

给出论证 ☐　　　　没有给出论证 ☐

4. 看看，这把枪里面全是子弹，所以你们每个人都把口袋和钱包里的东西掏出来，别忘了，还有首饰。

给出论证 ☐　　　　没有给出论证 ☐

第 4 课

事实、推论和观点

有时人们会说一些模棱两可的话，也就是说，我们弄不清楚他们到底想表达什么。

案例

我认为僵尸游戏应该被封杀。玩僵尸游戏的人中，一半的人有情绪失控的问题，四分之三的人有过拿起球拍打人的想法。实际上，如果有人刚刚玩过僵尸游戏，你一眼就能看出来：他们总是眼神迷离，一副什么都不在乎的样子。

分析

尽管说这段话的人对僵尸游戏的看法立场鲜明，但是他话中的有些内容让人不知道该怎么理解。比如，他怎么知道有一半的僵尸游戏玩家都有情绪失控的问题？他是做了某些研究证明了这一点，还是这只是他自己的猜测？他是否确实调查出有四分之三的游戏玩家都有拿球拍打人的想法，还是这仅仅是他的个人推测？他说的这些看似有理有据，但有可能只是他自己的观点。

我们说话的时候往往在说：

1. 我们认为是事实的东西。

2. 我们从事实中推断出的东西。

3. 我们的个人观点。

可是，我们往往不会专门去说明我们说的话到底是这三种中的哪一种。

事实

检察官：琼斯先生，你在事发当晚看到了什么？

琼斯先生：嗯，是这样的——我坐在我家门廊上，看到那个人偷偷溜到阿布伯顿先生的房子那儿，打破窗户，爬进屋里，手里还拿着枪，所以我就打电话报警了。

我们可以说琼斯先生的证词是陈述事实，他正在描述自己所看到的事情。这些事实可以通过其他证人来验证，如果当时还有其他人在场的话。

当一段陈述内容可以直接被其他人看到，并且可以验证其准确性，这个陈述就是关于事实的陈述。

小结

如果我们可以验证一段话是否属实，那么这段话就是有关事实的陈述。这并不代表这段话一定是真的或者是准确的，证人可能在撒谎，但是至少我们可以验证一下他的话，弄个明白。

推 论

检察官：警长，你在现场看见了什么？

警长：我进屋的时候，看见阿布伯顿先生躺在地板上，中枪而死。嫌疑人站在那儿，手里拿着一把枪，枪管口还冒着烟。我在屋子里没有看到其他人，所以我认为嫌疑人一定是凶手，于是我抓捕了他。

警长看到了一些事实，他从这些事实中得出了一个符合逻辑的推理。他说的这段话就是根据自己亲眼看到的事实所做的推论。

推论是根据可以被验证的事实做出的合乎逻辑的结论。

警长的推论可能是正确的，但也不见得是百分之百正确。

首先，如果警长仅仅根据他所看到的情形就得出结论，认为拿着枪的那个人就是凶手，那么他这个推论不一定能站住脚。

其次，警长并没有搜集到所有的证据。比如，屋子里可能还有其他人，这人就躲在屋子里的某处，只不过警长没有看见他，而他才是真正的凶手。

嫌疑人虽然拿着枪站在那里，他也许仅仅是在真凶跑掉之后把枪捡起来了而已。

观点

检察官：你能告诉我们你看到了什么吗？

萍克女士：是的，当然可以。我往窗外看的时候，正看见警长把这个男人从可怜的阿布伯顿先生的房子里带出来。我不喜欢这男人的样子，我觉得肯定是这个人杀了阿布伯顿先生。

萍克女士是在陈述她的观点，但她往事实里面添加了一些其他的信息。这些信息无法被其他人直接看到，或者被拿来验证其准确性。这是她对嫌疑人的个人观点。

观点其实也是在做出某种推论，但它并不是完全建立在事实基础上的。

尽管萍克女士的观点中有一部分基于事实，但其中很大一部分完全和事实无关——她在说她对嫌疑人的某种感觉。她有可能是对的，但这只是她的个人观点。观点往往基于某种感觉，所以它不如事实和推论来得可靠。

那么，我们该如何分辨呢？

要判断一个东西到底是事实、推论还是观点可不是件容易的事。说话的人往往会将事实、推论和观点搅和在一起，并不会告诉我们哪个是哪个。人们经常在表达自己的观点的时候，把它说得就像板上钉钉的事实，至少也像是有据可查的推论。

一位居民： *我认为79.8876%的大卡车司机都不是很聪明。*

既然事实的准确性能被验证，那上面这句话就不是事实。我们该如何验证79.8876%的大卡车司机不够聪明呢？而且，聪明的定义也是因人而异的，我们没办法验证他说的话。

当有些人不肯解释他是根据什么事实得出的某个推论的时候，他给出的往往只是个人观点。

练习

一、下面这些是事实、推论还是观点？

1. 鲍勃：你好，你叫什么名字？

   以实玛利：你可以叫我以实玛利。

   鲍勃：你的意思是你的名字叫以实玛利？

   事实 □　　推论 □　　观点 □

2. 我读过《白鲸》，小说中大概有一半篇幅都在描述鲸鱼的习性以及捕杀鲸鱼的方法。

   事实 □　　推论 □　　观点 □

3. 鲸鱼是用肺呼吸、恒温、胎生的哺乳动物，它通过头上的鼻孔呼吸——引自某权威词典。

   事实 □　　推论 □　　观点 □

4. 许多人认为鲸鱼是鱼，但鲸鱼和人类一样，是哺乳动物。数千万年前，鲸鱼的祖先生活在靠近浅海或湖泊的陆地上。虽然很难想象，但是这些早期的动物有鼻孔和腿。

   事实 □　　推论 □　　观点 □

5. 如果这个房子的月供是1000元，而我每个月的收入只有995.44元，那我最终就会破产。

   事实 □　　推论 □　　观点 □

6. 鹰爪队是今年最棒的棒球队，他们有最好的球员和最好的教练。我觉得他们今年一定会赢得世界杯。

   事实 □　　推论 □　　观点 □

7. 警官：女士，你能告诉我发生了什么事吗？

   女人：是这样的，警官。我当时站在马路边上，眼看着卡车司机故意撞向那辆小吃车。我简直不敢相信他是故意这样做的。

   事实 □　　推论 □　　观点 □

练习 XO

二、以下推论是否建立在事实的基础上？

1. 警长：我走进酒馆的时候就看到那个男的，他手里的枪还在冒烟。我查看了房间，有个人躺在地上死了，死者手里也有一把还在冒烟的枪。我觉得这是正当防卫，所以我没有抓捕任何人。

是 ☐　　　　不是 ☐

2. 警长：我走进酒馆的时候就看到那个男的，他手里的枪还在冒烟。我查看了房间，有个人躺在地上死了，胸口有个洞。我估计这个人一定是被一头公象刺死的，所以我追出去找大象。

是 ☐　　　　不是 ☐

3. 警长：我走进酒馆的时候就看到那个男的，他手里的枪还在冒烟。我查看了房间，有个人躺在地上死了，胸口被子弹穿了个洞。我觉得一定有人看见了事情的经过，所以我就去问酒保发生了什么事。

是 ☐　　　　不是 ☐

4. 刀疤脸：这是正当防卫，警长。我正忙着抢劫呢，可是这个人说“你跑不掉的”，我以为他要杀了我，所以我才对他开了一枪。

是 ☐　　　　不是 ☐

三、下面说话的人中，谁在陈述事实，谁在做出推论，谁在陈述观点？

a. 弗里：图书馆里的每一本书都带有磁条，所以书一旦出了这个楼，警报就会响起。但如果一本书办理完借书手续，就不会触发警报。

b. 修伊：的确是这样！如果有一本书不见了而警报却没有响，这就意味着，这本书要么还在图书馆里，要么就是被借走了。

c. 拉蒙特：我觉得那本书这会儿已经在十万八千里之外的地方了，说不定小偷已经在网站上把它卖出去了。

第 5 课

寻找前提和结论

所谓论证就是使用论据来证明论题的真实性的论述过程。这里面包含前提和结论，而目的往往是想让你相信某些事情。

案例

妈妈：宾果，我希望咱们一起坐车的时候你别脱掉鞋子，没人喜欢臭脚丫的味道，而且我们中途还得下车，你又得把鞋子穿回去。

宾果：好的。

分析

你看，宾果的妈妈用一个简单的论证就说服了他，让他把鞋子重新穿了回去。她的论证包括两部分：

1. 前提：（1）没人喜欢臭脚丫的味道；（2）我们中途得下车，你又得把鞋子穿回去。

2. 结论：我希望你别把鞋子脱掉。

这里的前提是妈妈企图说服宾果时所用到的理由，而结论就是她想说服宾果同意的事情。论证往往要比这个对话复杂得多，但是如果我们记住这两个基本部分，下次再碰到论证，我们就会轻松不少。

找到一个论证中的前提和结论是第一步。一般结论会比较明显：有时候，结论会出现在论证的开头，有时候在结尾，甚至在某些情况下，你会很惊讶地发现它也能出现在论证的中间。相比之下，前提会更难找一些。

警　告!

请尽你所能保护森林！森林砍伐可能会导致我们的地球加速旋转！花样滑冰运动员的胳膊越贴近身体就转得越快，同样的道理，如果我们把高大的树木都砍掉，就可能造成地球高速旋转，危险至极。共同努力，我们就能拯救地球。

这是一个简单的论证。结论看上去是第一句和最后一句话，意思是希望通过保护森林来拯救我们的星球。唯一的前提是：高大的树木就像是花样滑冰运动员的手臂，如果大树被砍掉了，那么地球就会像胳膊贴近身体的花样滑冰运动员一样，加快旋转，甚至失控。

我们再来看一个烧脑的例子——

牛津大学词源学教授：“在罗马，就做罗马人”（意为入乡随俗），我们应该记住这个非常重要的原则。每学期第一节课，我都会说到这个谚语。我这么做有多重深意。它就像哈姆雷特说的“生存还是毁灭，这是个问题”一样经典。一旦没有“在罗马，就做罗马人”这样的谚语，我们就如同在暗室中踱步，生活将了无趣味。我们可以批评这些睿智的谚语有些冗长，但一旦没有了这样的谚语，我们人类的智慧将会蒙尘，一位诗人很喜欢说……

别害怕，像这样的一段冗长文字通常没有什么实质内容。那么，怎样才能快速找出一段话的实质内容？这里有几个小贴士。

小结

1. 首先，找到结论。问问自己：作者到底想说什么？像“因此”和“所以”这样的关键词就会给你提供线索，作者的结论往往就紧随其后。

2. 找出1－2个前提，问问自己：作者是否使用了事实或推论来说服我们？

3. 在关键句子下面画线或在空白处用数字标记出前提数量。

一个好的作者会让你轻松完成上面这三项工作。

在上面这位词源学教授的长篇大论中，他的结论可能是：一旦没有“在罗马，就做罗马人”这样的谚语，生活就会变得了无趣味。

其中一个前提可能是“没有了这样的谚语，我们人类的智慧将会蒙尘”。

另一个前提大概是藏在“生存还是毁灭，这是个问题”这句话里，应该是想说，如果没有这些谚语，人类的语言就会很贫乏，生活也缺少乐趣。但是，这个前提的确比较难择出来。

这段话也许很晦涩难懂，我们只是想让你感受一下找出结论和前提并非总是易如反掌。如果你能搞定这段话，那你就能看任何论证了！

练习

下面这些例子中，哪些是论证？如果它是论证的话，请你找出结论和至少一个前提。

1. 妈妈，奶奶给我糖，就是让我想什么时候吃就什么时候吃。我现在就想吃！也许我等会儿会肚子疼，那样就不能吃了；或者一会儿出去玩儿，我就忘了要吃它……我想现在就吃我的糖！

是论证 ☐　　　　*不是论证* ☐

2. 书包是绿色的。蜂蜜是甜的。小兽队将赢得下一个赛季。

是论证 ☐　　　　*不是论证* ☐

3. 中西部城镇是旅游的首选之地。这里没有人使用安全系统，甚至都不锁门。你不会碰到陌生人，大家彼此都认识，包括警长！——某旅行公司宣传页

是论证 ☐　　　　*不是论证* ☐

4. 哲学就是胡说八道，哲学家总是满口胡话。他们所说的话你都没法验证，全都是他们脑子里想出来的。如果打仗了，应该把所有哲学家都送到前线去。他们可能会喜欢那儿，看着子弹在身边呼啸而过，可以互相讨论一下子弹是否真的存在。

是论证 ☐　　　　*不是论证* ☐

练习

5. 著名演员：今晚我们将为您带来一种全新的娱乐方式，您会看着我吃掉25个活蜗牛，目的就是让您不要换台去看其他频道。

是论证 ☐　　　　不是论证 ☐

6. 在一则广告中，一个著名女演员走上舞台，对着镜头说："我减掉了70斤。您也可以。"随后，镜头切换到另一个场景：厨师在做饭，一桌子丰盛的美食。此时响起女演员的画外音："您只需添加我们先进的苗条剂，就可以照吃不误，不会胖一点点。"紧接着广告中出现动画，展示被苗条剂所包裹的食物分子很难被肠道消化吸收。

是论证 ☐　　　　不是论证 ☐

7. 猫掉落时，总是脚先着地。当一块吐司掉落时，总是有果酱的那面先着地。因此，有人建议把一个涂满果酱的大片吐司绑在猫后背上。这两个相反的作用会导致每个猫吐司装置在距离地面几厘米高的地方悬停，然后不停旋转。利用成百上千个这样的猫吐司装置，我们就可以制造一列高速悬浮列车。

是论证 ☐　　　　不是论证 ☐

第 6 课

如何列出你相信某件事的理由

案例

丹尼今年18岁了，到了该决定是否要继承家族生意，把手工制作蜡烛的传统传承下去的时候。一直以来，丹尼家都是用纯手工方式制作蜡烛的，拒绝使用机器。

在丹尼家附近的另外一家工厂里，蜡烛的生产都是在自动化流水线上完成的。好几个和丹尼一起长大的朋友都在这家工厂工作。他们有时候也会问丹尼，为什么他家一直要坚持纯手工制作。他们还会眉飞色舞地说起流水线的效率和速度。丹尼觉得有点无奈，因为他已经向他们解释过：这不是效率的问题，他的家族只是希望能保持这个手工传统。

不过说实话，有时候丹尼自己也说不太清楚这种坚持背后的理由是什么。如果连他自己都不能理解或者说清楚这些理由，他可能就没办法全心全意地去坚持这个传统。

杰瑞和保罗想劝丹尼买一条自动生产线。

杰瑞： *听我说，丹尼，想象一下有了流水线之后你能节省多少时间！你可以用同样的时间生产出十倍，甚至一百倍数量的蜡烛！*

保罗： *这都什么年代了，我真不敢相信你家还停留在过去！*

你相信某件事的理由

分析

我们可能想不通为什么丹尼一家人拒绝使用机器，而选择手工制作的“笨”办法，但我们要尊重他们的理念。我们每个人都有自己的理念：我们相信诚实、尊重和爱的价值观；我们相信明天太阳会照样升起；我们也相信，如果我们打开水龙头，水就会流出来。但是，我们中的许多人其实并不清楚我们为什么相信我们所相信的。有时，我们觉得自己明白，但很难向其他人解释清楚。

丹尼也许会说“我们家只采用纯手工方法制作蜡烛，因为我们几代人一直都是这样做的”。但这样的解释显然不够好，因为它在原地兜圈子。这就好比有人问丹尼为什么他不吃蔬菜，他总不能说“我不吃蔬菜，是因为我一直都不吃蔬菜”吧？他需要把他的理由列出来。

要弄明白一种理念，我们需要学会说出导致这种理念存在的原因。我们在头脑里都会形成一些理由，尽管我们可能没意识到我们在这样做。

列出你的理由

1. 回想一下你为什么会有这个理念。列出让你思想发生转变的那些生活中的关键时刻。

2. 哪些人、书或事情影响了你？

3. 找跟你有共同理念的人交谈，看看他们的理由是什么。

人们其实很容易就相信某个东西而不去深究。但是，正视并了解自己的真实理念至关重要，即使有些理由听上去不怎么样，你也要学着去承认你就是这么想的。比如，你接受了某种理念是不是因为你的家人和朋友都相信它？诚实面对自己，质疑自己的理念会让你内心更强大，不再怕这怕那。这意味着你在做深入的思考。

丹尼：*我们用手工制作蜡烛，是因为这会让我们家族的传统得以延续。这与效率无关，而是对每件作品倾注心血和爱。人们常说批量生产的产品缺少“人情味”，而我们就是想保留这种“人情味”。不过，流水线也的确很吸引人。*

我们或许不同意丹尼的看法，但他试图向我们说明他的理由，这番尝试值得我们尊重。这让我们能够更好地了解彼此的想法。

归纳整理你的理由

珍妮：我相信早餐吃水果对我有好处。

伯特：为什么？

珍妮：水果是天然的食物，吃水果让我感觉很好。另外，它富含多种维生素和抗氧化物质。而且书里说吃素的人更长寿。

伯特：可是你又不是素食者。

珍妮：好吧，我吃的水果越多，我得到的维生素就越多。

伯特：但是你可以直接吃维生素啊。

珍妮：我知道，但那不如水果中天然的维生素好。

伯特：这个塑料杯是百分之百天然的，它是由百分之百的天然原子构成的。

珍妮：归根结底，我就喜欢吃水果。它让我整个上午精力充沛，吃午饭的时候我也会更有胃口。

伯特：这我就没啥话讲了。

珍妮说出了她早餐吃水果的各种理由，伯特帮她找到了最重要的那条理由。我们可以列个表把我们的理由归纳整理一下，把最充分的理由放在一栏中，把不那么充分的理由放在另一栏。

结论

诺玛：我真不敢相信你还吃！

露西：它们很好吃！外面酥脆，里面又甜又糯。我喜欢巧克力口味、五角星形状的。

诺玛：好好看看包装盒上说的！这是裹着巧克力的虫子！

露西：天哪！这些是从哪里来的？难道我弟弟……

诺玛：哦，不对，我看错了，盒子上说它们是模仿虫子的形状。看，成分表说它们是用膨化玉米做的。

露西：等等，膨化玉米后面的成分是“有机节肢动物和蛛形纲动物”，这是什么意思？妈呀，我要吐了。

我们的理念会影响我们的行为：如果我们相信自己在吃糖果，我们就会感觉挺不错；如果我们认为自己在吃虫子，我们就会马上停下来。正因为如此，我们非常有必要弄清楚我们相信某种事物的理由。你可以使用下节课中的工具来让你的理由更有说服力。

练习

一、看看下面的例子中哪些包含理由。有些理由可能隐含其中没有明确说明，请你也把它们找出来。

纳撒尼尔：我认为桌上足球我比你玩得更好。

汉斯：为什么？

纳撒尼尔：我移动球员的速度比你快，射门也比你快，而且我力气比你大，球桌总是被我拽到我这边来。

汉斯：我觉得我才玩得更好，因为我赢的次数比你多。

二、想一想，有些人为什么会相信下面这些事情？请你帮他们列出理由，好理由和坏理由都算。答案可能会因人而异。

1. 地球是一个球体，而不是像松饼一样，是扁平的。

2. 地球就像松饼一样扁平，而不是一个球。

3. 巧克力薄荷味冰激凌超级好吃。

练习

4. 你壁橱的那扇门是通向外太空的通道。

三、下面的理念后面列出了一些理由。您认为这些理由是好还是坏？答案可能会因人而异。

理念：地球是一个球体，而不是像松饼一样，是扁平的。

理由：

a. 我爸妈告诉我的，我认识的每个人都这么说，我看到所有的书上也都这么说。

是好理由 ☐　　　　*不是好理由* ☐

b. 我看过从太空拍摄的地球照片。

是好理由 ☐　　　　*不是好理由* ☐

c. 地平线看起来是平的，但这只是因为相对于人来讲，地球太大了，人的眼睛无法看出地球表面的弯曲。

是好理由 ☐　　　　*不是好理由* ☐

d. 如果地球是平的，那河水就不会流动了。

是好理由 ☐　　　　*不是好理由* ☐

第 7 课

如何打败你自己的论证

首先，你要列出你相信某件事的全部理由；接下来，你要想办法打败自己的论证。这么做听上去可能很奇怪，但就算你不试着打败自己的论证，其他人也可能会这么做。

案例

利兹娅：我是素食主义者。我不吃肉，因为吃肉不健康。

肉店老板：所以你认为这种人类已经吃了几百万年的食物突然变成对人有害的了，为什么呢？

利兹娅：嗯，相对于动物蛋白，植物蛋白对身体更好。

肉店老板：你是怎么知道的？科学研究结果表明：三分之二的素食者都缺乏维生素B_{12}；而在吃肉的人里面，每20名肉食者中才有1例。这样说来，吃素的人更加不健康。

利兹娅：哦……但是，农民饲养动物的方式很糟糕，我看到过图片！

肉店老板：但是你可以不吃那种肉啊！有些地方用非常人道的方式饲养动物，而且这些动物的肉还是有机的。

利兹娅：哦，我得再想想才能回答你。

分析

利兹娅有点迷糊了，她也觉得支持吃肉的理由要比反对吃肉的理由更有说服力。这是因为利兹娅不知道该怎么应对肉店老板的论点。这并不是说利兹娅关于素食主义的观念不好，而是她没有采取预防措施。

对于你所相信的事情，光有令人信服的理由是不够的，要让你的论点牢不可破，你还需要预估相反的论点，同时提前想好怎么把它们反驳回去。

如果利兹娅所做的仅仅是列出她支持素食主义的理由，并且找到大量证据来证明吃肉为什么不好，那等她碰上跟她看法不同、论据充分的人时，她可就要大吃一惊了。如果利兹娅想让自己的论点真正站得住脚，她就需要了解这些反对论点。

小贴士

如果利兹娅事先做一点调查研究，那么她就可以证明肉店老板的某些论点没那么准确，至少她可以反驳回去。

互联网是一个非常有用的工具，你可以在上面看到人们相信什么，为什么相信。利兹娅可以找到素食主义者所建的网站，也可以去附近的图书馆看看，或许那里有些书是有关食物的。

利兹娅：*我研究了一下，人类是植食动物而不是肉食动物，我们的身体构造并不适合吃肉。人类有短平的牙齿、细长的肠道。人类的肝脏不能处理多余的维生素A，但所有肉食动物都可以。素食者可以活得更长，这已经被证明了，他们也更不容易得癌症。另外，红肉中的胆固醇对人类来说非常不健康。*

肉店老板：*嗯，我得再想想才能回答你。*

让自己穿上别人的鞋子

如果利兹娅生活在秘鲁热带雨林的深处，或者正在攀登喜马拉雅山脉中的一座高峰，那里没有互联网、图书馆这样现代化的设施，可能有人反对素食主义。可以大胆想象一下那里的人会怎么说，利兹娅可以试着多从对立面来和自己辩论，以发现自己推理中的错误。

你的论证没有那么好

不管利兹娅身处何种环境，如果她试着去预估一些反面的论点，她也会对自己所相信的事情和理由有更全面的认识，这会使她的论证更全面。

我们往往会认为自己的论点比那些反对者的论点更有说服力，我们会觉得自己才气过人，掌握了真相。这种心态其实毫无益处。

利兹娅发现，有些人比她聪明，他们驳斥她关于素食主义的论点也说得头头是道。虽然这并不意味着利兹娅就应该放弃她的论点，但是这种辩论的经历会让利兹娅变得更加谦虚，更加谨慎。

小结

实际上，如果我们认真地去尝试打败自己的论点，预估反对的论点，我们就会慢慢意识到，我们所相信的某些事情不见得都有那么充分的理由，而且这么做会大有益处。

如何预估相反的论点：

1. 好好研究你要讨论的话题。

2. 跟反对你论点的人聊一聊。

3. 从反对你论点的人的角度看问题。

练习

下面有一些论点和支持这些论点的理由。请你根据每一条理由，预估一下相反的论点。

论点：我认为德国牧羊犬是最好的狗。

1.它们是大狗，可比那些脏了吧唧还会绊脚的小狗好得多。

2.它们可以保护人类。

3.它们有尖尖的耳朵。

4.它们很聪明。

论点：我认为，南半球的季节与北半球的季节相反，瑞典处于冬天时，澳大利亚是夏天。

1.我在一本书中读到过：当北半球被太阳直射时，地轴的倾斜会导致南半球接收的太阳能量变少。

练习

2. 我知道这是真的，因为我在百科全书中读到过。

3. 这里现在冷得要命，所以必须有些地方是炙热的。否则，让地球上一半人过着苦日子，这不公平。

第 8 课

什么时候不该用逻辑

之前我们说过，有时候和别人争论是愚蠢的。在一些社交场合，如果其他人对这个话题知之甚少，或者有人气急败坏的时候，我们都不应该继续争论。还有一些时候，比如葬礼，我们也不应该说一些虽然很有逻辑，但缺少同情心的冷漠的话。

案例

辛西娅姨妈去世了，利特尔一家要去参加葬礼。安妮特想带上他们的狗罗比一起参加葬礼，她抹了抹眼泪，说："我知道罗比想和亲爱的辛西娅姨妈说再见。"

宾果觉得他应该说些什么，于是他说："安妮特，罗比可能会在葬礼上捣乱，狗也不知道葬礼是什么，而且辛西娅姨妈从来都不喜欢罗比。"这话没起到任何好作用，安妮特给了宾果一个嫌恶的表情，跑回房间里去了。

宾果感觉糟透了。他的姐姐邦妮建议："有时候，闭嘴其实是帮助朋友的

方式。如果你提议带上罗比参加葬礼，并且负责全程照看它，安妮特可能会很感激。”

分析

我们很高兴看到宾果的逻辑如此严谨——没有罗比，葬礼可能会更顺利。但有些时候，我们需要优先考虑另一种逻辑——人际关系和情感的逻辑，缄口不言自己的想法并不会让我们变得不合逻辑。

说话还是沉默？运用逻辑难道有错吗？

在葬礼上，宾果听到父亲与姨父之间的对话。

姨父（*似乎很沮丧*）：*我不敢相信发生的一切。没有她，我该怎么办？什么人都可以死，但为什么死的会是我的妻子？这真的毫无道理可言。*

爸爸：*我母亲最近去世了，我也有同感。你知道吗，通过阅读一本书，我找到了一些安慰，这本书是……*

宾果的爸爸希望能给宾果的姨父一些言语上的安慰。在这个时候，这么做比指出对方说话没逻辑要得体得多，因为宾果的姨父现在不需要逻辑。

我们中间有些人可能不知道该如何处理类似的情况，他们会觉得必须有话直说！但这往往不是帮助别人的方法。有些时候我们探讨逻辑，而另一些时候我们则需要对逻辑保持沉默。

如果你觉得逻辑在你的大脑里怦怦直跳，要让你放它出来，逼你说出伤害别人的话，那你欠缺的不是逻辑，而是同理心。

分清楚什么时候该说话，什么时候该保持沉默并非易事。

不合逻辑不是好事，但是有些时候我们最好不要把头脑中的逻辑大声说出来。

话说回来，另一些时候，比如在下面的场合中，我们的确应该讨论说话的逻辑。

安妮特和宾果正在讨论逻辑。

安妮特：我觉得逻辑不适合小孩子。你知道吗，逻辑是由一个叫亚里士多德的老头儿发明的！我们的老师说，小孩子不应该太斤斤计较。所以我才不要学逻辑，它一定是个糟糕的东西。

宾果：我不这样认为。每个人都用得到逻辑，没有逻辑，我们就无法好好交流。我读过一本书，书里说逻辑不是亚里士多德发明的。但不论是谁发明的，逻辑都应该是我们思考的准则。

O X 练习

在下面这些对话中，你觉得怎么回复说话的人最得体？

1. 甲：别跟我提戒烟！你看你！你每天抽7包烟，医生说你有肺气肿，你才应该戒烟。

a. 乙：你这是个谬论……(大声喘气)……你自己都做不到，还要求别人！

b. 乙：你说得对。我应该戒烟……(大声喘气)……也许你可以帮我。

a ☐　　b ☐

2. 甲：你一定是颜色盲，你的两只袜子不是一对儿。

a. 乙：那不叫“颜色盲”，那叫“色盲”。

b. 乙：哎，我现在一看，它们还真不是一对儿。

c. 乙：就算我穿的袜子不是一对儿，也不代表我就是色盲。

a ☐　　b ☐　　c ☐

3. 纳撒尼尔：我得跟你聊聊。这本书我写不完了，所有的课程都不连贯，没人听我的，我今天啥都没干，头疼得要命，要是有人帮我清理厨房里的烂摊子就好了。

a. 汉斯：你这话说得真没道理。我已经做了好多事，您最好也有点进展，不然我们就没法按时完成任务了。

b. 汉斯：听起来某人的情绪糟糕透顶啊！

c. 汉斯：你去外面散散步吧，我来收拾这个烂摊子。

a ☐　　b ☐　　c ☐

4. 甲：我今天去农贸市场，看见了一种奇怪的东西——羊奶奶酪！我甚至不知道还有羊奶。我没去尝那个奶酪，怪难闻的。

a. 乙：羊是四足的哺乳动物，所以它自然会给幼崽喂奶。

b. 乙：难闻是什么意思？难道是说那个气味很难闻到？

c. 乙：你没买那个羊奶奶酪就对了，它吃起来比闻上去更要命。

a ☐　　b ☐　　c ☐

练习

5. 老师：同学们，我们刚刚听过柏林交响乐团演奏的莫扎特的《弦乐小夜曲》。你们觉得好听吗？

a. 学生：莫扎特的音乐逻辑性很强，书里说莫扎特在创作音乐时使用了数学方程式，这就是为什么听莫扎特的音乐可以提高智商。我认为莫扎特代表了音乐成就的“最高点”，在他之后，音乐就开始走下坡路了。

b. 学生：你说的不符合逻辑。音乐中没有“最高点”。作曲家写出来乐曲，人们爱听或不爱听，仅此而已。我真受不了有些人教条地评论音乐，说一些“谁谁的音乐更好”的话。

c. 学生：还凑合吧。我们现在能换首民谣音乐听听吗？

a ☐　　b ☐　　c ☐

6. 纳撒尼尔：亲爱的，我们这本书有个交稿截止日期，可你还在花时间研究脱口秀演员说的话。你觉得这算是好好利用时间吗？

a. 汉斯：嗯，你说得对。

b. 汉斯：但我们不能对他的糟糕逻辑听之任之！

c. 汉斯：我没有浪费时间。看，我写完了书的第一页。

a ☐　　b ☐　　c ☐

7. 下面哪个人说的话更符合逻辑？

a. 图书馆馆长拉蒙德：图书馆里的一本珍贵的古书被人偷走了，我们必须找到它。一旦失窃的古书被带出图书馆，它就会彻底消失。我们已经找了很久，可是到现在为止都没有找到，这就说明失窃的古书肯定已经不在图书馆里了。这就是逻辑。

b. 图书管理员修伊：我有不同看法。如果失窃的古书已经被带出了图书馆，那么图书馆的猫就会叫一整天。每当一本书莫名其妙失踪的时候，它都是这么叫。可是猫到现在都还没叫，这就说明古书还在图书馆里面。这才符合逻辑。

a ☐　　b ☐

第二章 CHAPTER

正反观点工具

第 9 课

使用正反观点表格

列表格是一个简单实用的思考工具，我们可以这样列表：

今晚去看《炒勺归来》的理由	今晚不去看《炒勺归来》的理由
1.	1.
2.	2.
3.	3.

这个表格的作用之一就是在你选择困难、纠结犹豫的时候帮你做决定。你可以先填好左边这栏，然后再填右栏。

今晚去看《炒勺归来》的理由	今晚不去看《炒勺归来》的理由
1. 一看电影的名字就觉得很有趣。	1. 我昨晚已经看了一场电影。每天晚上都看电影不太好。
2. 今晚是影院档期的最后一天。	2. 这是一部恐怖电影。
3. 我所有的朋友都看过这个电影了。	3. 今晚我必须写完《思维工具箱》里的这一章。
4. 主演是我最喜欢的演员。	

尽管填了表格后你可能还是纠结得要命，下不了决心，但至少你对这件事的想法清晰了一些。我们可以从头到尾看一遍表格，然后把那些不那么重要的理由去掉。

今晚去看《炒勺归来》的理由	今晚不去看《炒勺归来》的理由
1. 一看电影的名字就觉得很有趣。	1. ~~我昨晚已经看了一场电影。每天晚上都看电影不太好。~~（我也不是每天晚上都看电影，就是昨天和今天而已。而且我可以保证下一周不再看电影）
2. 今晚是影院档期的最后一天。	2. 这是一部~~恐怖电影。~~（我喜欢恐怖片，即便会让自己吓得半死）
3. 我所有的朋友都看过这个电影了。	3. 今晚我必须写完《思维工具箱》里的这一章。
4. ~~主演是我最喜欢的演员。~~（也许这不是去看电影的好理由）	

现在，不去看电影的唯一理由就是你今天必须写完这一章。如果你可以把写作安排在明天或在看电影之前完成，再或者如果你愿意为此熬夜的话，那么你完全有理由去看电影了。

这个表格除了帮你决定要不要去看电影之外，还有很多其他用处，比如它能帮你分析正反两面的观点。

正反观点是关于一个话题的两种（或两种以上的）针锋相对的观点（或想法、主张）。

比方说，下面这两个观点就是正反观点。

“查尔斯·狄更斯的小说无聊透顶。”

“查尔斯·狄更斯的小说引人入胜。”

这两句话反映出两个截然相反的观点。利用正反观点表格，你可以把支持每个观点的理由分别列出来。如：在表格的左边，你可以列出你能想到的所有的理由，证明狄更斯的小说无聊透顶；在表格右边，你可以列举狄更斯的小说是如何引人入胜的。

查尔斯·狄更斯的小说无聊透顶	查尔斯·狄更斯的小说引人入胜
1. 他的小说都长得要命。	1.《圣诞颂歌》还是相当短的。
2. 每本书里都有成百上千个你记也记不住的人物角色。	

续表

查尔斯 · 狄更斯的小说无聊透顶	查尔斯 · 狄更斯的小说引人入胜
3. 小说里的对话都冗长乏味。	
4. 去玉米地看玉米抽穗都比看狄更斯的小说更有趣。	

你看，填这个表格没那么容易。有些时候，我们绞尽脑汁也觉得无话可说，这是因为我们通常会在感性上偏向左边或右边的观点。我们要学会客观地看待事物，不管心里怎么想，都应该尽量实事求是地填写。

小结

正反观点表格可以帮助你：

1. 在选择困难时做出决定。

2. 分析正反两面的观点。

3. 学会客观地看待一个事物，看到它的两面性，哪怕你并不同意其中的一面。

练习 XO

下面有几对正反观点，请你给每对观点做一个正反观点表格，然后在每个观点下面列出几条理由。记住，你想出来的理由不需要十全十美，只要把你能想到的理由都列出来就可以了。

1.

每星期给孩子100块零花钱是个好主意	每星期给孩子100块零花钱是个坏主意

2.

《哈利·波特》是一部好电影 （你也可以用一部你喜欢的电影）	《哈利·波特》不是一部好电影

3.

住在南极洲好棒	住在南极洲好惨

第 10 课

截然相反的观点随处可见

当你花时间去研究一件事的时候，你会发现截然相反的观点随处可见。

案例

凯瑟琳：_我读了两本关于贞德（英法百年战争时期的法国民族英雄）的书：一本书里说她很害羞，话不多；另一本书里说她不但不害羞，反而很健谈。_

分析

在漫长的历史长河中，其实没人确切知道在某一个历史时期发生了什么事，或者当时是什么样子。一本历史书会说贞德很害羞，而另一本会告诉你贞德绝对是个外向的人——“外向”就是“话多”的高级说法。麻烦的是，这两本书的作者看上去都很权威——“权威”也是个高级说法，意思就是他们自认为自己的观点人人都同意。而实际上，贞德到底是个什么样的人，没人能知道。

所以，如果凯瑟琳只读了一本关于贞德的书，那她一辈子都会把贞德想象成一个害羞的人，全然不知有许多历史学家并不同意这个看法。

当然，贞德到底爱不爱说话或许并不重要，重要的是你一定要知道，对于历史上的很多大事件，人们往往会有一些截然相反的观点。

弗兰克：_我们在书里读到哥伦布是一位勇敢的航海家，他不顾艰难险阻，乘着木船驶向人迹罕至的海域。他发现了美洲大陆，还给原住民带去了新的技术和思维方式。_

比利：_实际上，美洲的原住民已经在那里生活了上万年，所以并不是哥伦布_

“发现”的美洲大陆。而且，他给原住民带去了各种疾病，以致在接下来的几百年间，原住民几乎消失殆尽。而且，他也不是第一个发现美洲大陆的欧洲人，最早发现美洲的欧洲人是维京人。

你看，对于历史上的一些事件，人们往往存在截然相反、针锋相对的观点。

其实，截然相反的观点并非仅仅在历史研究中存在，在科学研究中也有很多。

物理学家甲：你知道吗，所有物质都始于宇宙大爆炸之前的一个充满能量的、密度无限大的奇点。我可以证明这一点，你看我写在黑板上的连绵不绝的数学方程式。

物理学家乙：你说的不对。在宇宙大爆炸之前存在一个镜像宇宙，与现在这个宇宙恰好相反！我可以证明这一点，你看看我写在白板上的精妙绝伦的论证。

哪怕会遭到其他人的质疑，一些科学家仍会做出大胆的推论。一些话题，甚至存在不止两个观点。

科学家甲： *汽车尾气正在引起全球变暖。极地冰盖将会加速融化，低海拔的沿海城市将被淹没。*

科学家乙： *我不同意。全球变暖不能全怪汽车尾气，要知道，廉价的交通工具是我们的必需品。*

科学家丙： *我们还不能确定汽车尾气是否是导致地球升温的最主要原因。我们应该做更多的研究来找出真正的答案。*

无论学习哪种学科，我们都要记住，仅仅在一本书中看到了某些东西，并不代表它一定是真的，还有一些值得尊敬的研究者很可能不同意这本书的看法。我们需要广泛阅读，了解形形色色的观点，在这之后才能得出自己的结论。

在接下来的几课中，我们会给你提供一些工具，教你如何去看待正反对立的观点。

小结

不要想当然地认为你读到的观点是唯一的观点，也不是只有“对”和“错”两种可能。

练习

1. 请你从历史事件或科学话题中找到三个例子，在这三个例子中，要同时存在着正反对立的观点，请你写在下面。

2. 请你针对下面的例子给出一个相反的观点。

德国牧羊犬是一种忠诚的狗。

3. 在以下对话中，是否有一个人并没有反对其他两个人的看法？是哪个人呢？

a. 甲：我认为人类从动物进化而来历经了数百万年，人类最近的“亲戚”是黑猩猩。有很多考古学证据与这一理论相吻合。

乙：我认为人类是很久以前的某一天由上帝创造的。你这个理论背后的考古学证据并不可靠。

丙：人类是从什么时候开始制造工具的？

b. 甲：你知道吗，莎士比亚的那些戏剧其实都不是他自己写的，真正的作者是一个叫弗朗西斯·培根的人，只是署上了莎士比亚的名字。

OX 练习

乙：这太荒谬了！人人都知道弗朗西斯·培根是个哲学家，他根本没有时间去鼓捣戏剧。

丙：我不认为弗朗西斯·培根是个哲学家。

4. 以下观点给出的理由中，哪些是不重要的或者不相关的？请你把它们圈出来。

尼斯湖中有怪兽（可能是头蛇颈龙）	尼斯湖中没有怪兽
1. 有很多人说他们亲眼见过。	1. 蛇颈龙早就灭绝了。
2. 有图片为证。	2. 那些目击者的证词和怪兽的照片已经被证明是假的了。
3. 如果那儿真有怪兽就太酷了。	3. 我从来没见过。
4. 有这个可能。	4. 没人拍到过一张特别清晰的照片。
	5. 没抓到怪兽，也没有真正的证据。
	6. 迈克尔·乔丹认为那儿没有怪兽。

第 11 课

好证据，坏证据

正反观点表格是个很有用的工具，但是我们该怎么判断表格哪边的理由更充分呢？我们该如何分析证据？

普林格一家去度假

案例

普林格一家去度假了，在他们离开的这段时间，利特尔一家同意帮忙照看他们家小狗。

邦妮晚上遛狗的时候，发现普林格家竟然有盏灯亮着，然而晚些时候，灯又灭了！同样的情况每天都会发生。还有一次，利特尔一家惊讶地发现普林格家的草坪被修剪过了。更奇怪的是，普林格家前门廊上的报纸每隔几天就会消失。

利特尔一家为此开了个家庭会议。邦妮认为，普林格一家压根儿就没去度假，他们就躲在他们的房子里；这是一个精心策划的阴谋，目的就是让别人帮他们遛狗。她还说，“度假”这个词说不定有另一层意思——普林格一家人所谓的“度假”说不定指的是过几天没有狗的清闲日子。

分析

你觉得普林格一家是不是在耍阴谋诡计，为的就是让利特尔一家来照顾他们的狗？邦妮列出了一系列的证据——

是阴谋诡计	不是阴谋诡计
1. 家里有盏灯每天都会亮了又灭。	1. 普林格一家说他们要去度假。
2. 草坪被修剪了。	
3. 报纸消失了。	
4. “度假”这个词有另一层含义。	

拿出证据比一比

在看正反观点表格的时候，你经常会看到一边的内容要比另一边多得多。那么是否单子越长，理由就越充分，证据就越确凿呢？不见得。某些证据比其他证据更有说服力。

在这个例子中，普林格一家人说他们要去度假。这是非常有力的证据，一般而言，我们会相信人们所说的话。

我们来看看邦妮所列的阴谋论的四个证据，会发现每个证据其实都很弱。这些神秘事件的发生，完全可能有另外的解释。说“度假”一词具有双重含义，这条证据完全就是想当然。

一个观点，哪怕它拥有大量证据，也不见得就是正确的观点。

尾声

普林格家的园丁朝邦妮走过来，他想借个耙子。他还抱怨了几句，说普林格家的草坪长得太快了，但他说他很庆幸自己不用照顾小狗。园丁还说是他收拾了报纸，而灯是自动定时开关的，就是为了显得家中有人，以防被小偷盯上。

在后面的课程中，我们将给你提供一些工具，它们可以帮你判断一个证据是强还是弱。

OX 练习

请你看一看，在下面的例子中，哪个证据更好地证明了观点？

1. 邦妮认为罗比容易亢奋是食物造成的。

a. 罗比特别爱吃。

b. 罗比吃的是有机肉丸做的特殊狗粮。

c. 每天早晨遛狗之前，邦妮会给罗比吃一种特殊的狗饼干，叫作“霹雳饼干”。这种饼干是给需要更多能量的上了年纪的狗吃的。

a ☐　　b ☐　　c ☐

2. 盗贼雷蒙德盯上了普林格家的房子，他认为普林格一家度假去了，因此撬门而入是安全的。但是他的同伙鲁弗斯不这么认为。

a. 垃圾被推出来倒掉了。

b. 灯一段时间开，一段时间关，屋子里好像有人。

c. 雷蒙德在邮局偷听到普林格夫人提到“度假”一词。

a ☐　　b ☐　　c ☐

第 12 课

不要相信你听到的所有事

信息源指的是我们从哪里获取关于某个事物的信息。书籍、报纸、网络、电视、公交车上坐在你身边的人，甚至你床垫上的标签都可以成为信息源。

查看信息的时候，你很快就会意识到，有些信息源值得信赖，而有些却大为可疑。

案例

网友甲：*你知道英国女王不需要驾照就能开车吗？她没有驾照，却成天开着她的车到处转。*

这倒是个挺好玩的话题。为什么英国女王开车不需要驾照而其他人都必须有？但在我们被这个人带偏，相信确有其事之前，我们需要问个问题。

网友乙：*你是怎么知道的？*

分析

我们不能轻易相信互联网上每一个人说的话，哪怕他说的事情很好玩，或者我们觉得这事十有八九是真的。我们需要弄清楚这个人是如何知道这件事的。我们怎么知道网友甲对英国女王了解多少？

网友甲：*哦，别人告诉我的。我觉得他是在网上看到的。*

你看，这个人是从别人那儿听来的，而别人很可能是从某个不知名的网站上看来的。我们要相信他吗？我们要不要对这位网友的话大肆宣扬，说英国女王没有驾照还开车到处兜风呢？最好不要！当我们获得信息后，我们要学会对其进行分析，从而判断这些信息是否真实可靠。分析信息源可以遵循以下规则——

如果你不清楚你的信息源是如何获得这些信息的（他怎么知道他所知道的），那你就应该把这个信息源视为不可靠。

当别人告诉我们一些事情（比如声称女王可以无照驾驶）时，我们应该不断追问“你从哪儿听说的”，直到我们追踪到信息的来源。如果他不能或不愿告诉我们他从哪里获得的信息，那么口说无凭，我们就应该认为这个信息不可靠。

那么，英国女王是否需要驾照才能开车呢？我们需要研究研究。

一个小报网站介绍了伊丽莎白女王有一件奇特的逸事——女王开车不需要驾驶执照。她一直开着她的车到处转悠，甚至在王室网站上都是这么说的：“女王不需要驾驶执照即可驾驶汽车。”此外，我们的驻英国记者雷金纳德·威廉姆斯说“我已经好几次见过她开着她的路虎了”。

上面这个网站看上去似乎是个可靠的信息源。但是，我们还要验证一下。我们需要确保这个网站确实提到过此事，网站上说它的信息来自王室网站，我们也应该去查一查。

王室官方网站是个靠得住的信息源，相关人员应该了解这件事，而且也没有理由瞎说。但是，王室官方网站并没有说女王无照开过车。当我们查证

信息源的时候，我们不应该做任何先入为主的假设。

我们还可以联系驻英记者雷金纳德·威廉姆斯，看看他是否真的见过女王开着车到处跑。

但是，如果我们想做到万无一失，我们可以亲自跑一趟——深夜，你潜入白金汉宫车库，找到停放在那里的车，车牌上写着“警告：女王坐在驾驶员座位上”，而你藏在旁边的垃圾桶里。第二天一早，一位女士走过来，手里拿着个手提包，头上戴着王冠。她坐上驾驶员座位，一溜烟儿把车开走了……

（特别声明：本故事纯属虚构）

练习

一、分析信息源的规则是什么？

二、你能相信说话的人吗？

1. 推销员：这个标价 87.98 美元的“舒适”牌枕头会让你睡个好觉。信我的话没错，它真的管用！

可信 □　　　　不可信 □

2. 白金汉宫警卫：女士，这里是禁区，我建议您不要进入；如果您要强行进入的话，我将不得不向您开枪。

可信 □　　　　不可信 □

3. 拥挤的停车场里的一个男人：女士，您是不是找不到停车位？您可以把车留给我，我会为您停好它。我保证，当您需要用车的时候，我就把它开过来给您。

可信 □　　　　不可信 □

4. 袋獾是一种袋鼬目、袋鼬科的哺乳动物。它们身体矮胖，头长得又大又方。它们的身长可以达到50—80 厘米。它们有很大的下颌和强健的牙齿。因其邪恶的表情、令人恐惧的咆哮，被称为“塔斯马尼亚恶魔”。

——《大英百科全书》

可信 □　　　　不可信 □

三、你是否应转发以下电子邮件呢？如果你想查证这些信息源以确保它们是真实的，你会去哪儿查证？

1. 世界首富给钱啦！你知道吗？世界首富将把他的巨额资产赠予任何转发这封电子邮件的人！是的，没错，世界首富保证，你每转发给一个人，就可以从他那里获得100 美金。他为什么要这样做？他说，他对所有帮助他成功的人都心怀感激，并希望把他

练习 XO

的成功回馈给所有人。你只需把你转发的地址发送给他（以便他检查这些邮件地址是否真实），他就会寄一张支票给你。想象一下，哪怕你的电子邮件中只有20个联系人，你也可以赚2 000美元！你可以不相信我们的话，但首富公司的网站已经确认了这件事，它是合规合法的，你可以亲自去查一查。所以，转发这封电子邮件吧！嘿，反正没有坏处！

会转发 ☐　　　　不会转发 ☐

2. 请你借助互联网或者其他的渠道调查一下，英国女王在没有驾照的情况下，到底能不能开车。

第 13 课

一手信息源还是二手信息源？

一手信息源可以是在场的人，他目睹了或是亲耳听到了所发生的事情。

案例

曾祖父： *可不，那可是我这两只眼睛亲眼所见的。那时我还很年轻，15岁吧。当时我正站在谷仓后面，我看见小乔治——我们当时这么叫他——带着一把砍刀走到拐角那儿，然后他就开始砍那棵樱桃树。我不知道他为什么这么做，他爸好像也不管他。他就一边砍一边笑，直到把那棵小树砍倒。我可全都看见了。*[①]

①译者注：《华盛顿砍倒樱桃树》是关于美国第一任总统乔治·华盛顿少年时期最有名的传说之一，讲的是华盛顿砍倒了家里的一棵樱桃树，勇于承认错误，最终得到了谅解。

曾祖父就是小乔治砍樱桃树这件事的一手信息源，因为他在现场亲眼看见了这件事。

如果小乔治砍樱桃树这件事并非曾祖父亲眼所见，而是他从别人那里听说的，是被别人加工过的信息，那曾祖父就是二手信息源。

分析

爸爸： *是的，儿子，我祖父给我讲过这件事。*

当时，小乔治就在他爸跟前，他爸问他："儿子，你知道我的谷仓后面那棵樱桃树是怎么回事吗？看上去有人把它砍断了。"

小乔治承认了："爸，我不能撒谎，是我把那棵樱桃树给砍了。"

"好吧，儿子，"他爸说，"去远处那个木棚子后面给我砍一根大藤条来。你就算说了实话，也免不了一顿打。"

因为爸爸那时候还没有出生，所以他没有亲眼看到故事中的场景。不过，他确实从他的祖父那里听说过这件事。这时爸爸就是二手信息源。

在研究历史的时候，我们会接触到五花八门的信息源，它们都企图告诉我们那些历史事件到底是怎么回事。其中有一手信息源，也有二手信息源。

读历史书的时候，我们读到的很多故事往往都不是作者的亲身经历。历史书的作者会对一个历史事件做详尽的调查，他们也会借鉴其他的历史书，然后用自己的话把这个故事写出来。你在历史书中读到的内容不一定是真实的——听到这个，你会不会觉得很惊讶？

历史学家认为，一手信息源比二手信息源更准确。这是因为二手信息源都是从别人那里听说的故事，而每当故事从一个人传给下一个人的时候，人们都喜欢往里面“添油加醋”。

儿子： *乔治·华盛顿是个很酷的人，我的爸爸把他的事全告诉我了。爸爸说乔治17岁那年，他爸给了他一把斧头，足足2米长，20公斤重。乔治连砍20棵樱花树，然后告诉了他爸。他爸一气之下把他关在家里一个星期。*

这个故事已经不是原先爸爸给儿子讲的那个了。为了让它听上去更有意思，儿子在爸爸讲的故事里面加了点“料”。

小结

一手信息源比二手信息源更可靠，因为当一个故事从一个人传给另一个人的时候，它很有可能就走样了。

这并不表示读历史书毫无用处，如果我们想了解一个历史事件发生发展的过程，就应该读一读历史书。我们可以去图书馆查阅资料，看看当时到底发生了什么。有时候看一部关于某个历史事件的电影也不错，如果电影很棒，它可能会激发我们对某个历史事件以及所处时代背景的兴趣。不过，在看这类电影的时候我们必须要小心，拍电影的人希望他们的影片跌宕起伏，引人入胜，因此他们往往会把历史事件拍得比实际情况要夸张一些。

闲话篓子们（那些喜欢拿着别人的事情到处说的人）永远都是二手信息源，他们只会向别人传播他们从七大姑八大姨那儿听到的信息，如内西是从拉尔夫的姐姐玛格丽特那儿听来的，而玛格丽特又是从……

练习 XO

下面的例子是一手信息源还是二手信息源?

1.我儿子在现场，他告诉我——布奇走进银行，对出纳员说:“只要把所有的钱都拿过来，大家都没事。”他拿出一个书包，让银行工作人员往里面装钱。钱装满后，布奇提着包大摇大摆地走出门去，样子特别酷。这个人还真知道怎么抢银行!

一手 ☐　　二手 ☐

2.律师:夫人，您能告诉我事发当晚发生了什么吗?

豪斯曼夫人:是的，我可以。我正站在街角，然后就看见那个男人走进了银行。他的一只手拿着枪，另一只手拿着一个空袋子。一会儿工夫，我就看到他出来了，他还是拿着枪，袋子里装满了钱。

一手 ☐　　二手 ☐

3.大约在6600万年前，一颗行星撞击了地球。行星的冲击力激起的尘埃云造成的长时间黑暗，引发了地球环境的巨大变化，最终导致恐龙灭绝。

一手 ☐　　二手 ☐

4.猎豹是一种有着黄褐色皮毛和黑色斑点的猫科动物，原产于非洲和亚洲西南部，是奔跑速度最快的陆生动物，跑起来能够达到每小时110千米。

——《大英百科全书》

一手 ☐　　二手 ☐

第 14 课

谁有动机撒谎？

如果你是正在办案的侦探，那么对你来说至关重要的一件事就是要弄清楚你的证人是否可靠。在上一课中，我们了解到目击证人（一手信息源）通常比报纸上的一篇文章（二手信息源）更可靠，因为写文章的人往往不在现场。

案例

新闻快讯：“红桃老K”掳走酥皮蛋挞

今天发生了一件可怕的事情，“红桃老K”出手了，而且满载而归。侦探说他无法找到劫匪，并说“恐怕酥皮蛋挞一去不复返，他早已把它们咽下肚”。

——皇家问询报记者

侦探：现在，厨师，你能告诉我们发生了什么事吗？

厨师：好的。我看见有人把酥皮蛋挞偷走了，没错，是“红桃老K”。我告诉你的绝对是真的，他偷偷溜进厨房偷了那些酥皮蛋挞。

侦探把厨师当作了他的一手信息源。他为什么不问问另一个也在场的人（“红桃老K”）呢?

“红桃老K”：我没有偷酥皮蛋挞。

等一下！“红桃老K”说他没有偷酥皮蛋挞，我们能相信他吗？嗯，好像不行，“红桃老K”有撒谎的动机。

如果一个人说的某些话能让他看起来更好，或者让他获益，他就有撒谎的动机。

由于“红桃老K”涉嫌犯罪，我们应该怀疑他在说谎。

嫌疑人并不是唯一有理由撒谎的人，嫌疑人的亲属，比如“红桃老K”的妈妈，也有动机通过撒谎来保护她的儿子。

“红桃老K”的妈妈：我的儿子永远不会偷，哪怕是珍馐美味。

任何担心自己可能成为犯罪嫌疑人的人都会有撒谎的动机。

园丁：我压根儿就不喜欢吃酥皮蛋挞。

有动机撒谎的人比没有动机撒谎的人更值得怀疑。

指责“红桃老K”有动机撒谎其实有点不公平，因为我们并不确定他是否就是作案人。因而，当我们说某人有动机撒谎的时候，我们并不能断定他在撒谎，我们只是怀疑而已。

说到这儿，我们分析证据的另一条规则来了：相比有动机撒谎的人，没有动机撒谎的人更值得相信。

小结

谁有撒谎的动机？

1. 他说的话会让他从中获益吗？也许这些话会有助于他的生意或让他摆脱麻烦。

2. 他说的话使他看起来更好吗？也许这些话使他看起来勇敢、谦虚或聪明。

女仆： *我和厨师都在现场，我看见了“红桃老K”和他的贼赃。*

由于我们想不出来女仆有什么撒谎的动机，所以她的证词就很有说服力。

所以，在查看某人的证词的时候，我们要保证他确确实实没有撒谎的动机。那些身藏秘密不能见光的人往往很擅长掩饰，比方说，厨师似乎没有撒谎的动机，但是如果我们得知厨师向来不喜欢“红桃老K”，我们可能就要怀疑他的话——他真的看见“红桃老K”偷走了酥皮蛋挞吗？正如我们现在所知，他是有动机撒谎的。

有些时候，我们并不难判断出证人说的是真话还是假话。

侦探： *你对案情有什么了解？*

“梅花7”： *哦，是的，我必须实话实说，不能一错再错。当我知道“红桃老*

K”偷走了酥皮蛋挞，我想分一杯羹，还专门去找了他。

我们多希望每个人都如此诚实啊！“梅花7”其实可以从中获利，而实话实说反而损害了他自己的利益——你看，他承认在此次案件中负有部分责任。如果一个人说的话实际上损害了他的利益，那么他就没有撒谎的动机，他的证词也因此显得更可靠。我们由此可以判断，他撒谎的可能性不大。

练习

一、如何判断一个人是否在撒谎？

二、在以下例子中，证人有撒谎的动机吗？是什么动机让他们撒谎？

1. 侦探：厨师说这事是“红桃老K”干的。你能告诉我你看到了什么吗？

“方片K”：我看到“红桃老K”时正在花园里，他浑身都是面包渣，是的，全身上下都是。

有撒谎的动机 □　　*没有撒谎的动机* □

2. 一个将军对他的部下说：我很担心，伙计们，我很担心明天的战斗。敌人看起来太强大了，我担心我们会被杀得片甲不留。

有撒谎的动机 □　　*没有撒谎的动机* □

3. 绿曼巴蛇是非洲最可怕的一种蛇，千万不能掉以轻心。它是人类已知的最危险的蛇，不仅有剧毒，而且极具攻击性，被它盯上的猎物几乎没有能活下来的。

——《毒蛇图解指南》

有撒谎的动机 □　　*没有撒谎的动机* □

4. 伊莱：有外星人吗？当然啦！我亲眼见过。有一天，我站在我家后院门廊上，看见了一个巨大的飞碟降落在我的后院。一扇门打开了，一些绿色的小人儿从梯子上下来。他们走到我身边，尖着嗓子问我这里是否有好吃的自助餐。我告诉他们拐角处有一家，然后他们说了谢谢。真有礼貌……后来他们就回到他们的飞碟里飞走了。是的，我见过外星人。我把我的故事寄给了杂志社，杂志社把它刊登出来了。

有撒谎的动机 □　　*没有撒谎的动机* □

练习 XO

5. 照相记忆药要比超级头脑药好得多，它极大地改善了我的记忆力——今年的结婚纪念日我就没忘。

——照相记忆药公司总裁 卡尔·里诺

有撒谎的动机 ☐　　　　*没有撒谎的动机* ☐

三、在下面的例子中，说话的人有动机撒谎吗？

1. 卡森警官：我的雷达坏了，但是看起来你刚才开得挺快的呀。你刚才时速是多少？

驾驶人：对不起，警官，我刚才的时速是56千米，但限速是45千米，我超速了。

有撒谎的动机 ☐　　　　*没有撒谎的动机* ☐

2. 检察官：法伦先生，您肯定非常了解您的妻子并且非常爱她。她被指控谋杀，你觉得她能干出这样的事来吗？

法伦先生：很遗憾，尽管我如此爱她，但我必须要说，她是一个心狠手辣的人。如果谁妨碍了她，一定会被她除掉。

有撒谎的动机 ☐　　　　*没有撒谎的动机* ☐

3. 我以前尝试过其他改善记忆的药，但都收效甚微。自从我使用超级头脑药的那天开始，我就觉得它不一样。现在我不会忘记事情，而且终于可以记得我把钥匙放在哪里了。超级头脑药比照相记忆药要好。

——邮递员山姆

有撒谎的动机 ☐　　　　*没有撒谎的动机* ☐

第 15 课

补强证据

警长：昨晚银行被抢了，听证人说，那个劫匪长得很像你。是你干的吗？

“铁锈”：警长，昨天晚上我压根儿不在银行附近。

案例

如果我们明确知道“铁锈”是一个抢劫惯犯并有撒谎的理由时，我们就应该仔细验证他的话，并且寻找能够证实他的话的证据。我们把这称为补强证据。

存在补强证据就意味着有其他的证人、记录等，能支持同一个说法。

分析

如果“铁锈”是被冤枉的，那么他肯定盼着有人挺身而出，告诉大家案发时他正在别的地方。这个人就会证明“铁锈”所说的话。

理发师：他说的没错，当时他正在我的理发店里剪头发！

理发师证明了“铁锈”说的话。在警长的眼中，理发师的证词让“铁锈”的话更可信。“铁锈”不可能抢银行的同时还在剪头发。

补强证据不一定非得是人证，也可以是物证。

警员：*瞧那儿！理发店的地板上有些“铁锈”的头发，这或许说明他昨晚的确在这儿。*

请注意，最后这条证据并不意味着“铁锈”昨晚一定在理发店（这头发可以在当天早上故意放在那儿），但这确实加强了“铁锈”证词的可信度。

补强证据原则：补强证据越多，这个信息源就越可信。

其他的佐证可以是案发当天的理发收据，可以是当时理发店中看到了“铁锈”的人……这意味着，如果“铁锈”可以找到越多的人证和物证来证

明案发当时他就在理发店里，他的话就越可信。

有时候，提供佐证的人也不一定能帮什么大忙。如果有人被指控犯罪，那么他就有动机撒谎。如果他的证人也被指控犯了同样的罪行，那么这个证人也有动机说谎。所以仅听这两个人的话还不够。

警长：你们俩昨晚7点左右在哪里？

“刀疤脸”：我在城外，那时我正在鼠尾草草丛里睡大觉。

“死眼珠”丹尼：没错。我可以证明，我和他在一起。

“刀疤脸”：对对，我可以证实“死眼珠”丹尼没有抢银行，他和我一起在草丛里睡大觉。

练习

一、补强证据的原则是什么？

二、下面的证据有没有起到证明的作用？

“铁锈”：昨天晚上抢银行的不是我，是“刀疤脸”。我都看见了——我正坐在理发店的椅子里剪头发，就看见“刀疤脸”和他的哥们儿“死眼珠”丹尼拔出枪走进银行。过了一会儿，他们带着一袋子钱出来了。

1. 在银行的保险柜门上发现了“刀疤脸”的指纹。

是佐证 ☐　　不是佐证 ☐

2. 尤利亚：抢银行的不止一个人。我当时正在杂货店里买东西，就看见两个人进了银行，一会儿他们拿了一袋子钱出来。

是佐证 ☐　　不是佐证 ☐

3. 住在那条街上的莫莉·布朗昨晚没看到有谁去银行。

是佐证 ☐　　不是佐证 ☐

4. 今天早上有人在杂货店看见“刀疤脸”和“死眼珠”丹尼，他们买了一身昂贵的衣服、两把贝壳手柄的左轮枪和两盒荷兰巧克力。

是佐证 ☐　　不是佐证 ☐

5. “死眼珠”丹尼说，抢劫案发生时他正在酒吧。

是佐证 ☐　　不是佐证 ☐

6. 酒吧老板说，“死眼珠”丹尼昨天晚上一直在他的酒吧中。

是佐证 ☐　　不是佐证 ☐

练习

三、在下面的例子中，我们是否有理由怀疑信息源的可靠性？

1. 每周进行150分钟（2小时30分钟）中等强度的体育活动，比如快步走，是最有利于身体健康的。

——《运动指南》世界卫生组织

2. 自注意力胶囊推出以来，我已经吃了2年多，现在我每天工作都离不开它。

——注意力胶囊公司总裁　葛莱姆

第 16 课

油画被盗之谜

案例

麦克莱里夫人住在乡下庄园的一栋大房子里，里面有一大群仆人。她最珍视的财产是一幅名为《野餐》的油画。尽管每个人都觉得这幅画很丑，她却把它当作无价之宝。她一直把这幅画挂在书房里。每天晚上，她都要确保所有的房门都锁好了才去睡觉。

星期一的晚上，麦克莱里夫人的油画《野餐》不翼而飞。尽管这幅画上了巨额保险，但麦克莱里夫人仍然希望把它找回来。

警长负责调查此案，一到现场，他就收集了一些线索——

1. 书房的窗户被撬开了。

2. 在房子附近的灌木丛中找到了这幅画的画框，但是画不知去向。

3. 有个名叫“小拇指”的流浪汉在庄园附近闲逛，他作为偷画的嫌疑人被重点怀疑了。

随后，警长做了询问，得到了如下回答——

男管家：警长先生，我昨晚很早就睡了，而且睡得很熟，所以对晚上发生的事我可能说不出什么有用的。但是，先生，昨天下午，我在花园里碰上了那个叫“小拇指”的流浪汉，他正从书房的窗户往里头偷看。我想这个信息或许对您的调查有用。

麦克莱里夫人：我不敢相信我的画没了！我的宝贝油画！我知道是谁偷的，就是那个流浪汉，因为我看见了——我半夜起床喝水，借着门廊的灯光，透过窗户，看见草地上有一个人，背影看起来就像是那个流浪汉。他胳膊底下夹着一个大大的方形的东西，正在往外跑。我当时并没多想，直到今天早上下楼，才发现我的画不见了。

在去警察局的路上，警长遇到了麦克莱里夫人的邻居诺顿夫人。

诺顿夫人：总算有人把那幅难看得要死的画弄走了。要我说，我觉得就是那个老巫婆自己偷的，她就是想搞一笔保险费。所有人都知道，这段日子她很缺钱。如果她得不到保险费，她就必须把房子卖掉。

流浪汉：我什么都没干，偷画的人不是我，是麦克莱里夫人。昨晚，我正躺在灌木丛中，打算好好睡一觉，然后我就看见她从一扇窗户爬出来，胳膊底下夹着一张画。从自己家里偷东西是个怪事，所以我想看看到底是怎么回事。我看见她走进灌木丛，把画框取下来，扔进了灌木丛……

练习 XO

请你回答下面的问题，利用这个案件中的已知信息来判断谁的话更可信。我们现在的目的不是破案，而是评估每个人说的话。

1.管家是一手信息源吗？

2.管家怀疑谁是盗贼？

3.你觉得管家有撒谎的动机吗？

4.有没有另外的证据来证明管家说的是真的？

5.你认为管家是可靠的信息源吗？

6.麦克莱里夫人是一手信息源吗？

7.你觉得麦克莱里夫人有撒谎的动机吗？

8.有没有补强证据来证明麦克莱里夫人说的是真的？

9.哪些事让麦克莱里夫人的话不够可靠？

10.你认为麦克莱里夫人是可靠的信息源吗？

11.邻居诺顿夫人是一手信息源吗？

练习

12. 你觉得诺顿夫人有撒谎的动机吗？

13. 有没有补强证据来证明诺顿夫人说的是真的？

14. 流浪汉是一手信息源吗？

15. 你觉得流浪汉有撒谎的动机吗？

16. 有没有补强证据来证明流浪汉说的是真的？

17. 你认为流浪汉是可靠的信息源吗？

18. 你认为警长现在应该怎么做？

第 17 课

疑云越来越重

案例

在庄园里，麦克莱里夫人似乎对丢画这件事深感沮丧不安。

麦克莱里夫人：警长，你一定要帮我找回我的画。我正在给我儿子打电话，他会坐第一班火车从伦敦赶过来。如果还没进展，我就让他带个私人侦探来。

分析

你觉得警长应该怎么做？

“我认为应该看窗户和画框上有没有指纹。”凯琳说。

好主意！

警长带着他的指纹刷和婴儿爽身粉去了书房，开始提取指纹。可惜的是，在窗台上仅仅找到了几个指纹，在失而复得的画框上也只有一两个指纹，而且这些指纹全都来自麦克莱里夫人和管家。

男管家：麦克莱里夫人有许多油画，家中只有她和我能接触这些画。我每天早上都需要给它们掸灰，而麦克莱里夫人偶尔会调整这些画摆放的位置。

警长：被盗的这幅画与其他油画有什么不同吗？

男管家：是的，警长。麦克莱里夫人的其他油画都是从家族收藏中继承来的，但是，丢失的这幅油画《野餐》是大约一年前麦克莱里夫人自己购买的。如您所见，其他油画都来自更古老的时期，而这幅《野餐》，怎么说呢？嗯，它更“现代”吧。

警长：您似乎对油画了解不少。

男管家：是的，警长，我自认为是一个鉴赏家。我照看这批收藏品多年了，从它们被麦克莱里夫人收藏就开始了。

你还有什么其他建议？

“这幅画几乎一文不值，它被投保的价值是多少？”朱莉问。

保险公司：这幅油画的估价很低，因此无法投保，但是这幅油画的画框却被上了高额保险。这个画框非常古老，是意大利名家设计的，因此在艺术品市场上价格很高。

所以，这幅油画没有上保险，而上了保险的是这幅画的画框！

麦克莱里夫人：警长，我跟你说，全国没有一家保险公司愿意为我的画上保险，他们都不懂它的价值。

男管家：不好意思，警长，冯斯沃思先生（麦克莱里夫人的儿子）到了。您是否愿意跟他聊几句，搜集一些必要的信息？

警长：嗯，什么？哦，是的！请带他进来。

冯斯沃思：这是怎么回事？有个倒霉蛋把我妈妈心爱的油画偷走了？这个贼真是不知道深浅，等他在大白天看到那幅画，我都可以想象出他脸上的表情——他肯定会后悔得肠子都青了。

警长：所以，你不觉得那是一幅很美的油画？

冯斯沃思：美？不不不！那东西看起来像是一只喝醉了的红毛猩猩坐在骆驼背上画的。

警长：你能想出来最有可能偷它的人会是谁吗？

冯斯沃思：看一眼那可怕的东西至少让你少活一个星期。我实在不知道谁会想要这个东西。

有意思！案情发展到这里了，你认为警长接下来应该做什么？

“警长有没有搜一搜整个房子，看看这幅画是不是还在房子里？”安妮说。

男管家：警长，我认为现在已经没有搜查的必要了，因为这幅画或者说这幅画的残片已经找到了。

警长：什么？在哪里？

男管家：是的，警长。就在刚才，女仆在书房的壁炉里发现了烧焦的画的一角，她认出了它那个特别的颜色。

OX 练习

现在轮到你来破解“油画被盗之谜”。是谁偷了这幅画并在壁炉里烧掉了它？请你说出你的理由。

提示：你已经掌握了所有必要的信息。要破解这个谜团，想想看，谁最有犯罪动机，谁在撒谎？

下面是警长做的嫌疑人列表。

1. 冯斯沃思（麦克莱里夫人的儿子）：30多岁，友善快乐，早餐吃的是面包和茶。

2. 男管家：50多岁，冷静而沉稳，很有原则；喜欢使用复杂的书面语；很有艺术品位；早餐吃的是培根和鸡蛋。

3. 麦克莱里夫人：65岁以上，对艺术感兴趣，但审美眼光独特；容易激动，想当然；没有吃早餐，因为太难过了。

4. 邻居诺顿夫人：50岁上下；似乎不喜欢麦克莱里夫人；很聪明，爱好园艺；早餐吃的是面包圈和奶油干酪。

5. 流浪汉：年龄不详，好奇心重，不太聪明，但是也能弄明白一些基本的前因后果；管家给了他培根和鸡蛋作为早餐。

有关“油画被盗之谜”的真相，请参见书后答案。

第 18 课

O.K. 牧场的枪战

让我们先来了解一个发生在美国西部的著名枪战事件。

1881年10月26日，亚利桑那州，墓碑镇。警长维吉尔·厄普有点担心，他觉得O.K. 牧场那边的牛仔克兰顿一伙人要惹出麻烦来了，有传言说他们备好了枪，准备干一仗。

厄普三兄弟——维吉尔、怀亚特和摩根带着医生走到O.K. 牧场附近的一个废弃地带，要求牛仔克兰顿一伙人（比利、艾克、汤姆、弗兰克）缴械投降，但是他们不肯。在大约40秒钟内，他们对射了30发子弹。牛仔那边，比利、汤姆和弗兰克当场死亡，而这边警长、摩根和医生都受了伤。

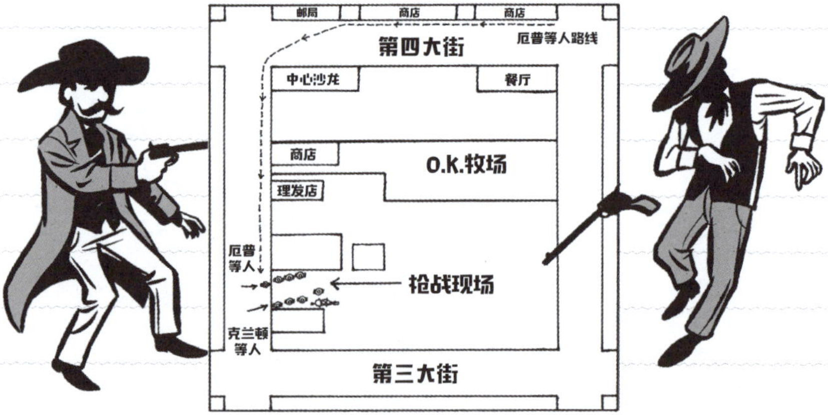

几天后，警长和医生被指控犯有谋杀罪。那么你的任务来了，你需要判断一下他们是否有罪。

O. K. 牧场枪战可能是蛮荒时期美国西部最著名的枪战，许多电影、电视剧和小说中都描述过这个事件，其中大多数都将厄普三兄弟描述为维护和平、坚强英勇的执法者。但真的是这样吗？接下来，你会看到关于这场枪战的来自双方证人的证据。你的任务是使用批判性思维工具来判断一下，这场枪战是正当防卫还是谋杀？

回到O. K. 牧场，关于这场枪战，怀亚特的证词是这样的——

那伙牛仔就在距离马路对面大约5米的空地上扎下营来，那片空地在两栋建筑物之间。他们给我们传了话，说如果我们不去那儿和他们决斗，他们就会偷袭我们，把我们都杀了。所以，我们就过去了——医生和我们兄弟三个。等我们到了那片空地的时候，他们往后撤了，撤到其中一栋建筑物那里。我兄弟维吉尔警长对他们喊话："我会把你们这群人都抓起来。"牛仔们举起左轮手枪，对着我们一通开火。弗兰克对我开枪，比利向我兄弟开枪，他们俩都没打中。我的大衣口袋里有枪，我拿出枪来，猛击在弗兰克的肚子上。

在怀亚特的声明中，他针对O. K. 牧场枪战事件说出了三点——

1. 牛仔一伙人威胁要杀死他们。

2. 在枪战开始之前，警长试图和平控制他们。

3. 牛仔一伙人先开的枪，而厄普三兄弟和医生开枪是出于自卫。

然而对于下面三个问题，人们的看法存在争议：

1. 牛仔们是否威胁了警长他们？

2. 警长一伙人是否在开枪前对牛仔们做了充分警告？

3. 到底是谁先开的枪?

让我们来看一看怀亚特证词中的可信之处和可疑之处分别是什么。

可信之处:

1. 怀亚特在现场，而且目睹了枪战，因此他是一手信息源。枪战发生得太快，那些离得不够近的人不会了解很多重要的细节。

2. 怀亚特也是个执法人员，这意味着他具有一定的执法权，并且可能是社区中值得信赖的成员。

可疑之处:

由于怀亚特是这次枪击案中的被告，他有足够的动机对所发生的事情撒谎，他有充分的理由说他和他的兄弟们开枪是为了自卫。

下面这段证词来自约翰·格雷，他是一名目睹了枪战的路人——

厄普三兄弟和医生从O.K. 牧场后面的那个入口突然走到大街上，立刻就对着这些准备离开镇子的牛仔开枪射击，枪战如闪电般结束。警长他们导演了这出戏，借着执法的名义把这些牛仔通通干掉。这种执法是先开枪后向死人宣读逮捕令。但是，在这件事上，我怀疑压根儿就没有逮捕令。警长他们大喊了一声“举起手来”，然后他们和牛仔们几乎同时开了枪。

练习

一、请你结合路人格雷先生的证词，回答以下问题。

1. 路人是一手信息源吗？

2. 路人对这场枪战的看法是什么？他是否说明他有一个很好的视野可以看到发生的一切？

3. 路人是否提到牛仔们威胁要杀了警长他们？

4. 路人证词中，对于牛仔一伙人在枪战前的举动是怎么说的？

5. 路人是否提到警长他们试图让牛仔们缴械投降的事情？

6. 路人说是谁最先开的枪。

7. 路人有动机撒谎吗？

8. 路人的描述证明了哪一边的证词，是警长他们的，还是牛仔他们的？

练习 XO

9. 哪些原因让路人的证词可信？哪些原因让它可疑？

二、下面是一些目击者的证词，证人对于以下三个问题是怎么说的？（1）谁先开的枪？（2）他或她所处的位置能否看到发生的一切？（3）这个证人有撒谎的动机吗？

1. 我认为是医生最先开的枪。他们背对着我，我在他们身后。我不知道是谁开了第二枪。

——威廉·艾伦（目击者）

2. 前两枪是医生和摩根开的……摩根开枪打了比利，我不知道医生朝谁开的枪，他打中了一个牛仔。

——艾克（牛仔、枪战参与者）

三、警长他们在开枪前是否给出了充分的警告？在下面的每条证据中，证人对于以下三个问题是怎么说的？（1）警长他们是否在开枪前给出了充分的警告？（2）他或她所处的位置能否看到发生的一切？（3）证人有说谎的动机吗？

1. 一见到他们我就说："孩子们，举起手来，交出你们的武器。"刚说完，弗兰克和比利就拔出枪来，子弹上了膛，我听到咔嗒咔嗒两声。艾克把手挡在了胸前，就像这样。这时候，我举起双手，右手还抓着拐杖，我说："慢着，别这样！"

——警长（枪战参与者）

练习

2. 我特别留意到了一把镀镍的手枪，它对准了这群人中的一个，应该是比利。我印象中医生的枪是镀镍的。只听有人刚说完“举起手来”，这把镀镍手枪就开火了。

——约翰·比汉（目击者）

3. 金太太在枪战发生前看见警长一伙人向那片空地走去，她是这么说的：“我看到四个人从人行道上走过来。我只认识其中一个人，那就是医生。另外还有三个人，别人告诉我他们是警长三兄弟。医生就站在那屋子旁边靠里面的地方，他外套下面有把枪……我站在门里面没出去，直到他们从门口走过，到了第二扇门……他们中的一个人看着医生，对他说：‘让他们见鬼去吧！’医生说：‘好嘞。’”

——金太太（目击者）

四、枪战前牛仔一伙人是否威胁了警长他们？在下面的每条证据中，证人对于以下两个问题是怎么说的？（1）枪战前警长他们是否受到任何威胁？（2）证人有说谎的动机吗？

1. 警长维吉尔·厄普接受审判时，他的证词中提到了当天早些时候发生的一件事情：“我在弗里蒙特和艾伦之间的第四大街上见到牛仔艾克，他手里拿着一支温彻斯特步枪，另一把左轮手枪别在他的马裤下面。我走上去，用左手抓住那把步枪。他松开

练习 XO

手，开始掏他的左轮手枪。我用我的头撞了他的头，把他打跪下了，然后拿走了他的左轮手枪。我问他带着枪是不是冲我来的，他说是，还说如果他能早一秒看见我，他就会杀了我。我抓捕了艾克，因为他在城里携带武器。”（那一天的公开法庭文件记录显示，艾克曾被捕，并因为携带武器被罚款25美元。）

2. 当医生和警长他们出现在大街上时，艾克反复大喊：“好戏就要开始了！”早些时候，我在一间旅馆见过他，他带着步枪和左轮手枪在找医生。

——凯特·埃尔德（居民、医生的朋友）

3. 你认为O.K.牧场的枪战到底是怎么回事？请你写一段你的想法，并提供证据来支持你的观点。

本文参考了如下资料：

《死于西部：O.K.牧场的枪战故事》

《厄普他们说》

《枪手》

《怀亚特·厄普传奇——他的生平和许多传说》

《墓碑镇：传说与现实》

第 19 课

可能性有高下之分吗？

在前面的课程中，我们介绍了如何比较正反观点表格两边的证据。我们要看证据的质量，而不是数量。这节课，我们会说一说人们爱犯的另一个错误，我们称之为可能性谬误。

可能性谬误是把“存在某种可能”的事情和“很可能为真”的事情混为一谈。

特别报告：登月骗局

案例

1969年，美国航空航天局（NASA）宣布他们把人送上了月球，但是，越来越多的证据表明这是一场骗局。

这件事要从资深的“照片分析专家”艾伦质疑登月事件的报告说起——

我发现登月是不可能做到的，这项技术在1969年根本不存在。当时的计算机，说好听点儿只不过是个大型计算器。

你可能会问："那怎么解释宇航员登月的照片呢？"我的团队研究了阿波罗号的照片，得出的结论是：那里面的问题层出不穷，我们有充分的理由相信这些照片实际是在好莱坞影棚中拍摄的。

照片A

比如，请看一下照片A，星星在哪里？月球上没有大气层，因此你应该看到比地球上多得多的星星，但是我们一颗星星都看不到！

照片B

再看看照片B，你看到石头上有一个"C"吗？这意味着这块石头可能只是导演在舞台上标记特定位置的道具，只不过他们在拍摄时忘了把它翻到后面去。

还有一个问题：他们怎么可能拍摄这么多照片？白天月球的温度在127

摄氏度至138摄氏度的范围内，照相机中的胶片怎么能用？在那样的温度下，胶卷会熔化。

但是，NASA为什么要伪造登陆月球呢？原因很简单，我们当时与苏联处于冷战中，我们只想告诉全世界美国更棒。

分析

这个报告把你说服了吗？

这份报告告诉我们，NASA登月有可能是一个骗局，理由有三：

1. 照片上之所以看不到星星，也许是因为整件事都是伪造的。

2. 石头上之所以有个“C”，也许是因为它是影棚里的道具。

3. 如果把胶卷带上月球，它会熔化。

结论就是，NASA有可能并没有登月。

但是记住，“存在某种可能性”并不意味着“很可能为真”。也有很多证据表明NASA确实登月了，让我们把证据列在正反观点表格中看一看。

NASA没有登月的证据	NASA登月的证据
1. 照片中看不到星星。	1. 所有的照片和录像都是登月的证据。
2. 石头上有一个“C”。	2. 今天还活着的宇航员声称他们在月球上行走了。
3. 胶卷（更别说宇航员了）在月球高温下会熔化。	3. 数百名科学家参与了“阿波罗计划”，没有一个人站出来说这件事是假的。
4. 美国政府想抢在苏联之前登月，因此他们有撒谎的理由。	4. 今天，科学家们可以研究宇航员带回来的月球上的石头，这些石头不同于地球上的任何东西。

续表

NASA没有登月的证据	NASA登月的证据
	5. NASA已经对照片中发现的所有异常情况做过解释了。

如果我们一看到左边的证据就好奇心大增，看到别人说登月这件事存在造假的可能，我们就兴奋不已，继而认为这些“登月骗局”的证据很可能为真，那我们就犯了可能性谬误。

小结

“不可能”“存在某种可能性”与“很可能为真”的区别

我们很容易混淆这几个概念：不可能、存在某种可能性、很可能为真。下面我们来解释一下它们的区别。

1. 当一件事无论如何都不可能为真的时候，它就是不可能的。

杰克意识到他有一个革命性的发现：当在水下把2和3相加的时候，结果总是7。数学书都应该重写！

2. 当一件事在某种情况下可以是真的，它就是存在某种可能性的。

小女孩： *妈妈，有没有可能在我出生的时候医院把我的身份弄错了？我实际是个公主？*

母亲： *这种可能性倒是存在的，不过概率很小。快吃蔬菜！即使是公主，也必须吃蔬菜。*

3. 如果某件事更有可能是真的，而非假的，那么它就属于很可能为真。我们必须好好分析证据才能判断。

恼火的奶农： *母牛又从牛栏里跑出来了，哪里都找不到它，它肯定跑远了。*

冷静的妻子： *不会的，它总是去草莓地那边，那里才是你最有可能找到它的地方。*

如果一个人宁可笃信某种微弱的可能性，却对更有可能发生的事情以及相应的证据视而不见，他就陷入了可能性谬误。

要想避免这样的错误，我们的解决方法只有反复推敲证据，就好像我们手中拿着一个天平。我们推敲证据，做出判断，过滤掉那些不太可能为真的微弱可能性。但这谈何容易！我们永远不想放弃任何一种可能性。然而，我们必须要学着做这件事，因为生活中的众多选择都要用到这样的判断力。

练习 XO

一、在下面的例子中，请你指出它们分别属于哪种可能性。（这里没有提供证据，所以请动用你的历史、科学等知识来进行判断。）

1.孔子和亚里士多德是好朋友，他们经常开车去麦当劳买奶昔。

完全不可能 ☐ *存在这种可能性* ☐ *很可能为真* ☐

2.总统之所以决定留胡子，是因为一个小女孩给他写了一封信，说他留胡子会更好看。

完全不可能 ☐ *存在这种可能性* ☐ *很可能为真* ☐

3.沿海地区的降水量通常较大，因为海洋会提供大量水分，因此那里的气候更潮湿。

完全不可能 ☐ *存在这种可能性* ☐ *很可能为真* ☐

4.农场男孩：妈妈，爸爸在耕玉米地的时候，拖拉机差点被牛群撞翻！

完全不可能 ☐ *存在这种可能性* ☐ *很可能为真* ☐

5.美国航空航天局说“机遇号”火星车发现火星上有水存在。

完全不可能 ☐ *存在这种可能性* ☐ *很可能为真* ☐

6.《思维工具箱》实际上是一本密码手册，用来给特工发加密信息。

完全不可能 ☐ *存在这种可能性* ☐ *很可能为真* ☐

7.蜜蜂采蜜时不会蜇人。

完全不可能 ☐ *存在这种可能性* ☐ *很可能为真* ☐

8.爷爷抱着4岁的孙子，对他说：“爷爷在你这么大的时候就开始登山了。我记得有一天，我独自登上了珠穆朗玛峰……”

完全不可能 ☐ *存在这种可能性* ☐ *很可能为真* ☐

二、请你根据下面每个故事中的证据判断哪个才是更明智的选择。

1.广告：还等什么？快来投资我们的富硒养生杯——超级富豪都爱的投资项目！我们

知道，富硒养生杯的价格两百年来都没有变化，但这并非一成不变。我们已经研究了市场，并且掌握了绝密信息，富硒养生杯的价格很快就会狂飙！

a.我应该投资

b.我不应该投资

2.“妈妈，泰伦斯（猫的名字）回来了！”小女孩大声叫道。

“哦，天哪，让它进来！给它喝点热牛奶。”妈妈说。

“妈妈，泰伦斯的耳朵尖上少了一块。太可怕了，它需要一个猫绷带。”小女孩喊道。

过了一会儿，小女孩说：“妈妈，我觉得泰伦斯被外星人绑架了。这就是为什么我们这么久都找不到它的原因。”

妈妈说：“亲爱的，我觉得不是。猫有时会四处溜达，我觉得泰伦斯就是溜达去了。”

小女孩不同意：“你难道不认为泰伦斯被绑架是有可能的吗？外星人可能对它做了实验，把它的耳朵割掉了一块。我认为就是这样的。我要把这件事写出来寄给《读者文摘》。如果泰伦斯能和我们说话就好了，我好想知道它会说什么。”

a.妈妈：我觉得你不应该再看那些科幻小说了。

b.泰伦斯：外星人让我带他们见我的主人。他们就在门外，他们想见你们。

第 20 课

间接证据

案例

当警长到达现场的时候，他看到一把左轮手枪、一把东倒西歪的椅子以及躺在地上的受害人。

间接证据，指的是那些并非直接来自目击者或参与者的证据，我们需要做一些推理才能弄清楚这些证据的含义。

分析

警长负责调查这起案件。劳德摩尔勋爵住在乡下一栋两层的小楼里，他有一名管家和一位司机。这天早上，有人发现他死在了书房中。在他身边有一把左轮手枪，枪膛里少了一枚子弹。在警长看来，这把枪就是一个间接证据。

我们往往需要运用思维技巧，才能推断出间接证据的含义。地上有把左轮手枪，它可能意味着当劳德摩尔勋爵坐在书桌前玩纸牌游戏的时候，一名不速之客闯进来向他开了一枪；它也可能意味着其他情况，比如劳德摩尔勋爵正拿枪冲着摆在壁炉台上的雕像练习瞄准，忽然间心脏病发作，倒地身亡。但是，鉴于勋爵身上有枪伤，这个间接证据更倾向说明这是一起谋杀。

让我们来做一个假设，假设劳德摩尔勋爵喜欢在家里存放很多现金，而且这事尽人皆知。有一个叫西迪·萨姆的人，他游手好闲，不务正业。案件发生后的第二天，有人看见西迪·萨姆在商场里购买奢侈品。这就会构成一条间接证据，它暗示着西迪·萨姆可能是此案的嫌疑人——也许是他谋杀了劳德摩尔勋爵，把他的钱占为己有。

但是，既然没有人亲眼看见西迪·萨姆杀害了劳德摩尔勋爵，那么针对他的唯一证据就仅仅是间接证据。

间接证据可以用来证明证人讲的话中，哪些是有可能的，哪些是很有可能的。

管家：*我昨晚把房子里的所有门窗都锁好之后就回家了，那时是晚上9点30。*

如果在勘验现场时，发现所有门窗都上了锁并且完好无损，那么这个间接证据就证明了管家说的话。

间接证据也能告诉我们，证人所言中哪些是不可能的，哪些是不太可能的。

流浪汉：*是的，我知道是西迪·萨姆杀死了劳德摩尔勋爵，我看见他这么干了。当时，我就睡在树丛里，嗯，就跟我平时一样，我看见西迪·萨姆拿着*

他的长枪从远处走过来。他走到窗户跟前，隔着玻璃开了一枪，然后把枪往灌木丛里一扔就跑了。

流浪汉说凶手隔着玻璃往屋里开了一枪，但是，根据现场收集到的间接证据，警长知道房子的门窗都完好无损。此外，警长还知道谋杀凶器也不太可能被扔在树丛里，因为经过一番搜索，他什么都没找到。所以流浪汉的话不足为证。

小结

1. 我们需要对间接证据进行解读才能判断其含义。
2. 间接证据不会说谎，但是，我们可能会错误地解读间接证据。

O X 练习

在调查期间，警长收集到了一些间接证据。

1. 一天早上，劳德摩尔勋爵被发现躺在书房的地板上，心脏中枪而死。在他身旁有一把0.38英寸口径的左轮手枪，枪膛中少了一枚子弹。

2. 乔是劳德摩尔勋爵的司机，他住在车库上面，是他向警察报告了这起谋杀案。

3. 经检查，劳德摩尔勋爵是被一把0.38英寸口径的手枪近距离打中的。这一枪造成他瞬时死亡，死亡时间大约是晚上10点30分。

4. 书房（位于房子的二层）的窗户是锁着的，其余的门窗都上了锁，并且全部完好无损。

5. 门旁边壁炉台上的一个雕像碎了；在壁炉台后面，一枚子弹被发现陷在墙体中，子弹直径与手枪口径对应。

6. 劳德摩尔勋爵的外套上有一些雕像的碎片。

7. 安装在前门的摄像头记录显示，一名医生在晚上9点24分离开房子，管家在晚上9点31分离开。那天晚上摄像头没有再拍到其他人。

一、下面是一些证词，请你依据警长收集的间接证据，判断一下这些证词分别属于哪种情况，并说说你的理由。

· 很可能是真的（有证据支持的证词）

· 有可能是真的（没有证据支持或否定的证词，具有不确定性）

· 不太可能是真的（证据或常识让这个证词不太可能成立）

· 不可能是真的（证据使这个证词不可能成立）

同时，请你说说你的判断是基于哪条间接证据。

1. 司机：大约在晚上10点30分，我听到砰的一声，很像是枪响，声音很大。我以为是劳德摩尔勋爵用枪崩了壁炉台子上的雕像，他心情不好的时候偶尔会那样做，所以我也没多想，直到今天早上。

很可能是真的 ☐ *有可能是真的* ☐ *不太可能是真的* ☐ *不可能是真的* ☐

练习 XO

2. 西迪·萨姆：不，我没有透过窗户朝劳德摩尔勋爵开枪。

很可能是真的 □ *有可能是真的* □ *不太可能是真的* □ *不可能是真的* □

3. 司机：我本该在今天早上8点开车带劳德摩尔勋爵出门。我等了他半天，但他一直没来。 等到9点的时候，我打开大门上的锁，进去找他。我在他的书房中找到了他，他当时的情况就像您现在看到的一样，然后我就打电话报警了。

很可能是真的 □ *有可能是真的* □ *不太可能是真的* □ *不可能是真的* □

4. 医生：是的，我昨晚是在那儿吃的晚饭。晚餐的主菜我记得是牛排，是劳德摩尔勋爵的管家玛莎准备的。晚餐后，我们聊了一会儿，一个叫大卫·麦克卢尔的年轻人也在。我想是劳德摩尔邀请的他，他看起来很不错。

很可能是真的 □ *有可能是真的* □ *不太可能是真的* □ *不可能是真的* □

5. 大卫·麦克卢尔：你说他被谋杀了？太可怕了！昨晚我还被邀请去他家吃了晚饭。我记得当时还有一个叫拉德克利夫的医生。我不记得有什么反常的事。医生大概在晚上9点30分左右离开，我在晚上10点左右离开，劳德摩尔勋爵送我出的门。

很可能是真的 □ *有可能是真的* □ *不太可能是真的* □ *不可能是真的* □

6. 司机：也许劳德摩尔勋爵的枪里的一枚子弹从墙壁上反弹回来，崩到煤铲上，又从煤铲上反弹，击中了他？我在电影中看见过这种事。

很可能是真的 □ *有可能是真的* □ *不太可能是真的* □ *不可能是真的* □

7. 司机（指着地板上的左轮手枪）：是的，这是劳德摩尔勋爵的左轮手枪。他通常把枪放在书桌的抽屉里。

很可能是真的 □ *有可能是真的* □ *不太可能是真的* □ *不可能是真的* □

8. 管家：我记得昨天下午我还给所有的雕像掸过灰尘，那时它们都还好好的，一个都没碎。不过劳德摩尔勋爵打碎过好多雕像。

很可能是真的 □ *有可能是真的* □ *不太可能是真的* □ *不可能是真的* □

二、你认为警长接下来应该做什么？

第 21 课

让人百思不得其解的新进展

警长一直很忙，他又有了下面的新发现：

· 在地板上的那把左轮手枪上发现了劳德摩尔勋爵的指纹。

· 壁炉台背后墙里的子弹来自地板上的左轮手枪。

· 劳德摩尔勋爵身中的子弹来自另一把下落不明的左轮手枪。

与此同时，劳德摩尔勋爵的姐姐露西尔也赶了过来，但她看起来并不十分难过。

露西尔：哦，他死了吗？我不能说我很惊讶。您知道吗，我弟弟是个非常自私自利的人，没人真心喜欢他。他总是处心积虑地得到他想要的，而且不择手段。他这辈子似乎光顾着收藏这些雕塑了，房子里到处都是。我记得他说过有一个雕像他特别想要，那是一个长鼻子男孩的雕像，他管它叫“匹诺曹”。我不知道他要那东西干吗，也许就为了把它打个稀巴烂。他经常会买些雕像，然后把它们砸烂了，或者用枪打个粉碎。

警长接下来应该做什么呢？

“警长应该多留意一下大卫·麦克卢尔这个人，因为没人看到他从那所房子离开。”丹尼斯建议。

大卫·麦克卢尔：我吗？ 可……我不过是来吃顿晚饭。劳德摩尔勋爵给我展示了他收藏的雕像，然后我就走了，那会儿大概是晚上10点钟吧。你们不会怀疑这是我干的吧？我只是在一次拍卖会上见过勋爵，然后他请我去他家看看他收藏的雕像。我只是过来看看他的收藏，仅此而已。我是从后门走的。

“警长应该向管家询问一下这两位客人的情况以及他们都聊了些什么。”苏珊又建议。

管家：天哪！我从来不从门缝里偷听！那是最不得体的。此外，他们也没说任何有意思的事，不过就是天气啊雕像啊这些。麦克卢尔先生带来了一个雕像，勋爵想要买下来。他们的谈话无聊透顶，我才不想听。

警长：劳德摩尔勋爵要从大卫·麦克卢尔那里买一个雕像？

管家：哦，我可没说麦克卢尔先生卖了，他不肯卖。劳德摩尔勋爵进到厨房里的时候，我正在听他们……我是说，我正在洗碗，他说我可以提前下班了，所以我就回家了。他为什么那么兴奋……我不知道，估计是因为什么无聊的理由吧。

“警长应该向医生和司机询问他们所看到的情况。”约翰说。

医生：是的，昨晚劳德摩尔勋爵想要买下麦克卢尔先生的一个雕像，他很激动，请我马上离开，所以我不知道麦克卢尔是否卖了。劳德摩尔勋爵真是一个粗鄙无礼的家伙，客人还没吃甜品，他就赶人家走。

司机：我告诉你，那个老家伙一肚子阴谋诡计。我为啥这么说？昨晚大概10点钟，就在我上床睡觉之前，我从窗户看出去，正巧看见劳德摩尔勋爵从后门出来，把后门安保摄像头的电源拔了，然后再回到屋里。要我说，他肯定没什么好事。

新的进展还真是让人百思不得其解，但这里还有更让人摸不着头脑的……

警员：警长，您可能会对这个感兴趣，这是我从后面的树丛里找到的。这是一件晚礼服，上面还有个弹孔，这儿还有火药的烧痕。我刚刚先行查看过了，您看，衣服上有干洗店的标签，上面写的名字是麦克卢尔。

警长：嗯……这没准儿能解释清楚几件事。

露西尔：原来它在这儿！匹诺曹！就是我刚才跟你说的那个，在壁炉台上！

警长：什么？你是说碎了的那个吗？

露西尔：是啊，您看这个长鼻子——就跟我弟弟形容的一模一样。这一定是匹诺曹！我告诉过您，一旦他弄到手，他就会毁了它！

练习 XO

好吧，我相信你对案件细节已经了然于胸，现在就请你来侦破劳德摩尔勋爵的死亡谜案吧。为了帮你破案，给你两个提示。

提示1：只有一个人在撒谎。

提示2：罪犯不一定有杀人动机。

接下来请你这么做：

1.解释一下昨晚在劳德摩尔勋爵家发生了什么事。请你说出是谁杀死了劳德摩尔勋爵，他为什么这么做？他是如何做到的？

2.画一个正反观点表格，在一边列出支持你观点的证据，在另一边列出削弱它的证据。

3.请你说一说，警长接下来该怎么做才能证实或推翻你的观点。

参考答案中有一个又长又复杂又乏味的谜底。完成你的推理后，不妨去看看你的推理过程和这个谜底有多接近。

第三章 CHAPTER 3

科学研究工具

第 22 课

科学家鼹鼠先生

鼹鼠先生多数时间都是在地下度过的。在阳光明媚的某一天，他决定从他的地下隧道里爬出来，去探索地面上的世界。别忘了，他只知道三件事：泥巴、隧道和虫子。

就像所有的鼹鼠一样，一到阳光下，他就开始好奇地四处闲逛。他的脚指头撞到了地上的一块鹅卵石。他捡起石头，然后塞进了嘴里。呸呸呸，难吃死了！这味道完全不像好吃的虫子味儿。他松开手，石头砸在了脚上——哎哟，疼死了！

鼹鼠慢悠悠地继续走，他又碰到一块鹅卵石。他把它捡起来，它的味道跟第一块一样糟糕。他松开手——啊，好疼！

现在，鼹鼠先生已经不再是一只普普通通的鼹鼠了，他成了一只“见多识广”的鼹鼠。他在鼹鼠大厅赢得了一等奖，因为他能回答出“蠕虫学”中所有细枝末节的问题。他还发明了一条属于他自己的理论：当我松开手的时候，鹅卵石会往下掉。

这听起来太小儿科了！但是我亲爱的读者朋友，你别忘了鼹鼠是打哪儿来的。要想弄清楚松手的时候东西往哪儿掉，他住了一辈子的那个狭窄拥挤的地下隧道可不是个好的地方。

鼹鼠慢悠悠地继续溜达，走着走着，他发现了一只大蜗牛。他捡起蜗牛，想吃掉它，但蜗牛缩回壳中，他怎么都咬不动那个蜗牛壳。鼹鼠松开了抓着蜗牛的手。你猜，这次鼹鼠以为会发生什么？他以为啥都不会发生。记住，在此之前，鼹鼠只松手放下过鹅卵石，他没有松手放下过蜗牛。

让鼹鼠大吃一惊的是：蜗牛也像鹅卵石一样掉了下来，还砸到了他的脚指头。鼹鼠思考了片刻，他在做的是一种科学的思考。这时他总结出了第二条理论：当我松手的时候，任何东西都会往下掉。

鼹鼠学得很快。他能感觉到脚下的青草，能看到头顶的绿树，还偶然发现了甲壳虫夫人，并把她捡了起来。甲壳虫把腿缩进她坚硬的鞘翅里，鼹鼠无可奈何，松手放开了她。但是她并没有往下掉，她张开翅膀，飞——走——了！糟糕，鼹鼠的理论必须再次修订！第三条理论：当我松手的时候，任何东西都会往下掉，除非是那个与众不同的甲壳虫女士。

但这第三条理论也没能保持太长时间，很快，鼹鼠就发现其他东西也会

飞。比方说，当你松手的时候，蒲公英上的小伞就随风飘走。当然了，有时候它们也会粘在你身上拒绝离开。

理论不得不再次修订：当我松手的时候，任何感觉很重并且没有翅膀的东西都会往下掉。

像科学家一样思考

我们应该好好留意这个故事中发生的事——鼹鼠正在像科学家一样进行思考，他正试着用一种行之有效的方式来解释他所观察到的事物。

科学家都做些什么

1. 科学家对事物进行科学解释，在描述我们的世界的时候能派上大用场，这些科学解释也被称为定理。

2. 随着时间的推移，科学家能够观察和解释越来越多的事物。

3. 如果科学家的解释被证明是错误的，他们也会从中学到很多东西，因为即使错误的解释也可能激发好的想法。

这就是科学的意义。科学思考是我们每个人都要做的事情。在接下来的几节课里，我们会告诉你如何像科学家一样思考。

练习

一、下面这些例子中，哪些是科学的解释？

1. 海底发生地震，会引发海啸。海啸时海水形成的巨浪，速度可以达到每小时500—1000千米。当抵达海岸时，海浪的高度可能超过15米。

科学的 ☐　　　　*非科学的* ☐

2. 我认为之所以下雨，是因为云变得太厚重了，它们需要倒掉点水，不然它们就会掉下来了。

科学的 ☐　　　　*非科学的* ☐

3. 妈妈：宝宝再这样一夜不合眼的话，我觉得我快要熬不住了。

爸爸：如果我们让宝宝白天充分运动，有一个好作息的话，他可能会睡得好一些。

科学的 ☐　　　　*非科学的* ☐

4. 探险家：我知道地球是圆的，因为我见过它在月球上的影子。

科学的 ☐　　　　*非科学的* ☐

5. 儿子：你总是把草剪得只剩半寸高，这样草会死的。因为叶子不够长的话，草就不能进行光合作用了。

科学的 ☐　　　　*非科学的* ☐

二、对于以下现象或事件，哪一个才是科学的解释？

1. 这头大象有几条腿？

练习 X O

a.这头大象畸形，它生出来就有五条腿。

b.这头大象似乎有五条腿，但实际上这是一种视错觉。

c.这头大象躯干的一部分被当作第五条腿了。

a ☐　　b ☐　　c ☐

2.宾果：妈妈，当我同时喝橙汁和牛奶时，我会肚子疼。为什么会这样？

a.妈妈：橙汁是橙色的，牛奶是白色的。当你把这两种食物混在一起，会变出一种好恶心的颜色。你想不想让我给你织一件那个颜色的毛背心？

b.妈妈：它们一混合就会形成一种物质，让你的胃不舒服。

a ☐　　b ☐

3.下面哪句话能够合理解释邮递员的到达时间？

在过去的两年里，盖尔一直在记录邮递员什么时候会到他家来送信。盖尔喜欢在第一时间把信件拿到手，因为拿信是他认为每天最有趣的事情。盖尔有一个理论：邮递员会在下午2：27—2：34之间到达。若天气不佳，邮递员可能会晚到一个小时。

a.邮递员会在下午2：27—2：34之间的任何时间到达。

b.邮递员会在下午2：27—2：34之间的任何时间到达，除非被坏天气耽搁了。

c.邮递员会在下午2：27—2：34之间的任何时间到达，而天气不好时，盖尔的手表都会出毛病，把时间弄错。

a ☐　　b ☐　　c ☐

4.下面哪句话所总结的原因能合理解释安妮的过敏反应，要既合理又能解释观察到的现象。

安妮的过敏症能持续一整天，她觉得自己对家里的猫过敏。但是她的过敏症只在春季和秋季发作，而且每个月只发作一到两次。每次过敏的时候，她都会看到猫在舔毛，她觉得这是造成她打喷嚏的原因，兽医跟她说过，人们对猫过敏其实是对猫的唾液过敏。而猫一年四季都在舔毛。安妮给猫买了一个巨大的项圈，让它没法再给自己

练习

舔毛。但她觉得她现在开始对这个项圈过敏了，因为她的过敏症状丝毫不见好转。

a.安妮之所以过敏，是因为她的猫给自己舔毛。

b.安妮之所以过敏，是因为她的猫给自己舔毛，并且她对项圈也过敏。

c.安妮不是对猫过敏。她可能是对春季和秋季空气中的某些东西过敏，很可能是她房间里的某样东西，但是她没意识到。

a ☐　　b ☐　　c ☐

说明：

非常感谢肯尼·费尔德（Kenny Felder）的文章《像科学家一样思考》，这篇文章为《科学家鼹鼠先生》中的例子提供了灵感。

第 23 课

科学家的百宝箱

科学就像一个多功能的百宝箱。假如宾果的生日礼物就是这个百宝箱，他现在可能还搞不清楚他拿在手里的这个东西是什么或者有什么用。但在长大后的某一天，宾果会意识到他得到的这个礼物可以用来建造上天入地的一切东西。

人们利用科学制造了飞机；培育了产量更高的玉米；发明了电脑，让我们能够写逻辑书……让我们来看看宾果的百宝箱中的“科学工具”有什么——

1. 观察。宾果一直在做记录并且学习使用各种测量仪器。
2. 假想。宾果通过头脑风暴想办法解决问题。
3. 实验。宾果通过实验来检验他的革命性想法，看看它们是否行得通。
4. 分析数据。宾果要弄明白他的实验说明了什么。
5. 寻求建议。宾果请其他科学家来检查他的工作。

在后面几节课中，我们将详细介绍这些工具以及它们的用法。别担心，我们也不需要把什么东西炸飞，你不会因此受伤。这些都是科学方法的工具，每个人都可以利用这些工具来解决问题和寻找答案，因为科学思考是我们每个人都会做的一件事情，只不过有些人做得比其他人更好。

案例

农夫格雷有个奶牛农场。他的一头奶牛不肯吃东西，奄奄一息。格雷想知道是不是因为饲料有问题。如果换掉饲料，那可是很大一笔开销，他付不起这个钱。

农夫布朗帮忙出主意，他怀疑奶牛得了胃痉挛，建议格雷给兽医打电话。这个建议让农夫格雷闷闷不乐，因为请兽医花费太多。等布朗走了以后，格雷好好观察了一下他的牛：牛肚子上没有任何奇怪的鼓包，完全看不出它的胃跑到一边去了。格雷认为肯定不是这个问题。

住在路对面的农夫贾德也来帮忙出主意，他说有一次他的母牛生病了，他给牛喂了花生酱，结果牛就恢复健康了。于是，格雷给妻子打电话，让她买了3升花生酱。格雷用一支巨型注射器把这3升花生酱全都喂给牛吃了。

两天后，牛死了。

分析

如果格雷是个更称职的农夫的话，他的奶牛或许会更安心一点。科学工具能帮上农夫格雷什么忙呢?

1. 农夫格雷本可以先试着喂牛吃一两包不同种类的饲料，这个实验花不了什么钱。

2. 兽医对奶牛的疾病更了解，这点连奶牛自己都知道。哪怕给兽医打个电话问问，农夫格雷也会多一个意见作为参考。

3. 农夫格雷可以在《牛的健康指南》这本书里查一查牛的症状。他会读到“牛的胃痉挛不一定会造成外部皮肤的鼓包”。

4. 农夫格雷手头有点紧，他认为不值得花钱请兽医。但是，损失一头牛亏得更多。如果他肯花50美元请兽医跑一趟，他就不用花2 000美元再买一头新奶牛了。

毫无疑问，农夫格雷把这事搞砸了。他家别的奶牛很可能对此议论纷纷，奶牛们说:“如果人们用科学工具来思考，就能帮我们大忙。”为了奶牛们，农夫们真该好好听听这番话。

OX 练习

一、请你选出最有帮助的科学工具。

1.内森：我一跑步跟腱就疼，这样有一阵子了。这几年我一直穿平底鞋跑步，这可能就是问题所在。我这星期买了一双新的越野跑鞋。

a.假想。内森需要为他受伤的跟腱找到另外一种解释。

b.观察。内森应该仔细留意自己的跑步姿势，看看什么时候跟腱会疼，什么时候不疼。

c.寻求建议。内森需要去看骨科医生，问问医生他该怎么办。

d.实验。内森还应该再等等，看看穿上新鞋是不是就不疼了。他还没有完成他的实验。

a ☐　　b ☐　　c ☐　　d ☐

2.马吉蕊很生自己的气，她不小心把一罐蓝莓果酱掉在地上，弄脏了新的米色地毯。“对了，铺地毯的人说该怎么去掉污渍来着？他说万一我用某种东西把地毯弄脏了一块，我就应该用这种东西把整个地毯涂个遍，这样一来，地毯上的颜色就均匀了。可我也不知道……”马吉蕊该怎么办呢？

a.观察。测量污渍的大小及其与沙发的距离。

b.寻求建议。可以在互联网上查一查“如何去除地毯上的污渍”。

c.实验。试着用柠檬汁加双氧水去除污渍。

d.假想。也许这不是蓝莓果酱，而是一种致命的紫色真菌。

a ☐　　b ☐　　c ☐　　d ☐

3.艾本那泽的计算机出了点问题：每当他试着打开他最喜欢的飞行模拟器时，一个对话框就会弹出来，他关闭对话框之后，飞行模拟器也打不开了。他应该怎么办？

a.寻求建议。给商店的技术人员打电话，付给他们每小时100美元咨询费，让他们告诉他该如何解决这个问题。

b.实验。尝试重新启动计算机，重新安装所有软件。

练习

c.观察。消息框弹出的时候，看看它说了什么。

d.假想。“上一个使用这台计算机的人是我儿子汤米。他胡乱鼓捣，还把桌面上的图标重新排列了。肯定是他弄坏了计算机。”艾本那泽想。

二、请回答下面的问题。

1.列举一个你做过的实验。

2.爸爸的这个实验有什么问题吗?

爸爸：你马上就会吃到世界上最好的苹果派。

妈妈：这话是什么意思?

爸爸：这个苹果派的皮采用了我研制的革命性配方——我们没黄油了，所以我用苹果酱代替。

妈妈：我有没有告诉过你别乱试?

爸爸：烤好了。吃起来怎么样，总不至于那么差吧?

妈妈：就是那么差。

第 24 课

如何成为敏锐的观察者

如何更准确

你有没有过这样的经历：你早上从床上爬起来的时候，感觉房间里冷得都要结冰了，但是你冲了个热水澡，从浴室里一出来，却感觉房间无比温暖？如果你看一眼温度计，会发现温度其实没有变化，但你的感官的确告诉你房间里变暖和了。这是怎么回事？其实，这是感官弄错了，变暖和的是你的身体而不是房间。

我们来看看这张图。这里有两条相连的线段，端点处都有一个箭头。

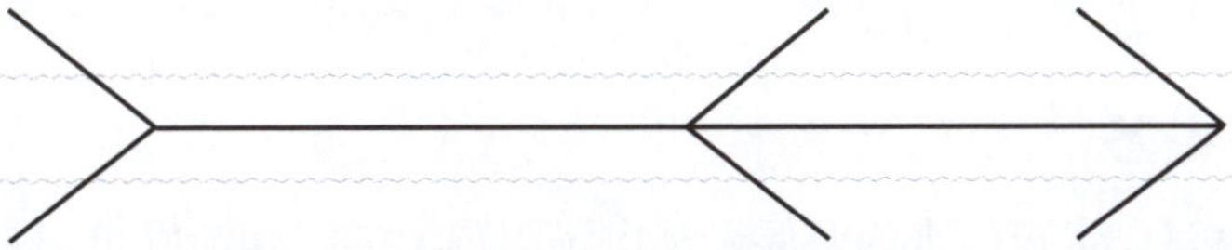

是不是左边的线段看起来比右边的线段长？如果你好奇，不妨用尺子来量一量每条线段的长度。箭头的不同朝向使两条线段看起来不一样，而实际上，这两条线段的长度是相等的。这张图展示的就是视错觉。

在上面两个例子中，我们都需要使用测量仪器来克服我们的感官错觉。温度计和尺子会纠正我们的错觉，让我们得到的信息更准确。

如何看到更多

显微镜和望远镜也能助我们一臂之力。伽利略是最早使用望远镜的科学家之一，这是他在1610年1月7日至8日观察到的：

当我用望远镜观察天空的时候，木星进入了我的视野……我注意到一种我之前从未注意到的情况，有三颗微小但明亮的星就在它旁边；我觉得有点奇怪，因为它们看上去排成一条直线……1月8日，我又来看了一眼……我发现……三颗小星星全都在木星以西，并且比前一天晚上更接近木星……天上有三颗星围绕木星运动，就像金星和水星围绕太阳旋转一样。

——《星际信使》

伽利略是第一个观察到木星卫星的人。如今，各种各样的科学仪器可以帮我们观察到我们肉眼看不到的事物，比如能够扫描人体内部的磁共振成像仪（MRI）、能给我们传送回星体图像的旅行者号探测器。

如何记住更多

你有没有在半夜醒来的时候发现电子闹钟上的时间恰好是一个特殊的序列，比如“12：12”“1：23”或“2：22”？闹钟上能显示出这种特殊时间的机会并不多，可我们为什么偏偏总是在这种特殊的时刻醒来，而不是其他那些普普通通的时刻呢？很多人都认为这绝不仅仅是个巧合。

我们的大脑更容易记住有规律的东西，而忘记那些没有规律的。当我们醒来看见闹钟上的数字，如果它普普通通、杂乱无章，我们的大脑就会把它

忘得一干二净，然后继续睡觉。所以，如果你试着问问你的记忆：“有多少回我醒来的时候闹钟上的数字是个特别的序列？”它会告诉你：“几乎回回都是！”但实际情况并非如此，这个现象被称为记忆偏差。

科学家是如何克服记忆偏差的呢？他们会用日志记录每一个进展，把做的每一件事情都如实地记录下来，因为他们知道，这些记录下来的可能会跟他们记忆中的不太一样。

皮埃尔·居里和玛丽·居里的故事

在19世纪末，安东尼·亨利·贝克勒尔（Antoine Henri Becquerel）偶然发现铀盐会放射出一种奇怪的射线，可以使底片曝光呈现黑影。

玛丽决定对这种神秘的射线进行系统的研究，她发现它不但可以使底片曝光，还可以使空气导电。她手头有一个出色的好帮手——静电计，这是皮埃尔和皮埃尔的哥哥根据压电效应发明的，可以用来测量射线的发射。

仅用了几天时间，玛丽就发现含钍的矿石能发出和含铀的矿石一样的射

皮埃尔·居里的静电计

线。接着她对各种含有钍和铀的矿石做了系统的研究，结果让人大吃一惊。她发现，射线的强弱和矿石的属性没有直接的关系，而决定性因素仅仅是矿石中钍和铀的含量。

含有相同元素的不同化合物往往具有不同的化学属性和物理属性，一种铀的化合物是一种深色的粉末，而另一种则是透明的黄色晶体，但是两种化合物射线强弱的决定性因素仅仅是化合物中铀的含量。

玛丽因此得出结论：放射性并不取决于原子在化合物中的排列方式，而是跟原子的内在结构有关。这一发现毫无疑问是革命性的，是她对物理学发展的重要的贡献。此后，她把元素周期表的元素一个接一个地测了个遍，发现只有铀和钍能发出这种射线。

玛丽的下一个想法看似简单，实则不同凡响，她打算去研究含有铀和钍的天然矿石。她从地质博物馆拿到了一些样本，然后发现在这些矿石中，沥青铀矿石的放射性比其他相同铀含量的矿石的放射性高出了两倍多。她提出一个假想：沥青铀矿石中应该存在一种比铀的放射性高得多的新元素。

引人入胜的新视野被打开了。皮埃尔放弃了他的研究工作，加入玛丽的项目中来。他们发现，含有铋或钡的馏分（分馏石油、煤焦油等液体时，在一定温度内蒸馏出来的成分）具有很强的放射性。当玛丽继续分析铋的馏分时，她发现每当她设法去除一定量的铋时，都会留下一种放射性更高的残留物。1898年6月底，他们提取出了一种物质，它的放射性大约是铀的400倍。他们在1898年7月发表的论文中写道：“我们因此相信，我们从沥青铀矿石中所提取的物质包含一种未知的元素，其性质类似于铋。如果这种新元素的存在得到证实，我们建议把它命名为钋（Po），以纪念我的祖国。[1]”这也是他们第一次公开使用了Po这个元素名称。

在继续工作了几个月之后，1898年12月26日，居里夫妇向法国国家科学院宣布，他们又发现了一种具有很强放射性的元素，它的化学性质类似钡。他们建议把这种新元素命名为镭。

他们的实验室就像一个简陋的仓库，冬天的最高温度只有6摄氏度。一位化学家评论说:“它看起来更像是马厩或是放马铃薯的地窖。”尽管如此，玛丽却坦言：“我们的一大乐事就是晚上来到实验室，放眼望去，周围那些装着实验样品的烧杯和蒸发皿都发着荧荧的光。”

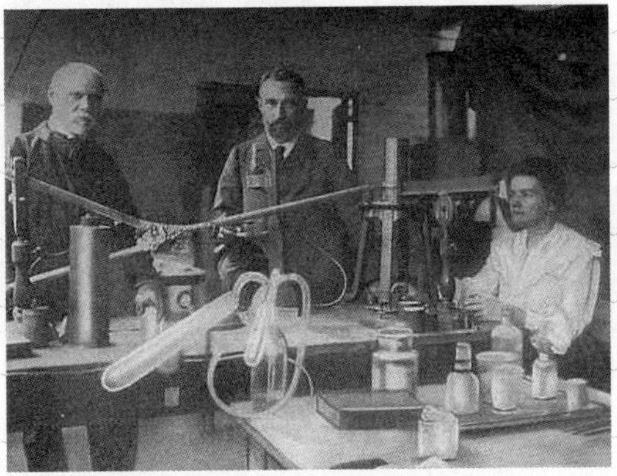

皮埃尔、玛丽与朋友在他们的实验室中

如何成为敏锐的观察者

皮埃尔·居里和玛丽·居里的故事充分展示了成为敏锐的观察者意味着什么。在没有显微镜和望远镜的时代，人们只能靠感官和记忆来研究世界。随着时间变化，科学在缓慢地进步，科学家们找到了各种能让观察更准确的

①译者注：钋的英文是polonium，而居里夫人的祖国是波兰（Poland）。居里夫妇在论文中所说要以他们其中一人的祖国为这种新物质命名，就是用“波兰”来命名“钋”。

方法。在某种意义上，科学发现其实就是科学家不断用科学工具探索世界的结果。

这节课的目的是教你使用工具吗？不完全是。做一个敏锐的观察者远不只使用工具这么简单，它是我们追求的目标。

小结

成为敏锐的观察者：

1. 学习使用科学仪器进行准确的测量。

2. 保留完整的观察记录。

3. 把观察变成一种习惯，为了做到更准确而“吹毛求疵”。

说明：

关于居里家族的故事取材于南妮·弗洛曼在瑞典皇家科学院所做的演讲《玛丽·居里和皮埃尔·居里——钋和镭的发现》。如果你还想了解更多，不妨看看电影《居里夫人》（1943年）。

练习

一、在下面的问题中，请你说出一种测量仪器或一种做记录的方法，它们应该能够帮助你解答问题。

1. 你家所在地区一个月的降雨量有多少？

2. 如果没有计时器，你怎么知道饼干已经烤好了？

3. 一节5号电池能产生多少伏特的电压？

4. 你头上有多少根头发？

5. 今天的日落时间与一周后的日落时间相差多少？

6. 如果你是色盲，你能设计出一个色盲测试吗？

二、请你邀请一群朋友，一起来进行以下活动。

1. 大家在一个房间中，每个人静静聆听五分钟并在纸上描述他们听到的每种声音。你可以安排一个人在房间外发出各种声音，比如将两个物体撞在一起或弄爆气球。几分钟后，请每个人把他的记录念给大家听。有没有人听到别人没听到的声音？当你不知道某种声音是什么所发出的时候，这种声音很难描述吗？

2. 给每个人分配一个任务，比如玩拼图或者棋盘游戏这类需要集中注意力的任务。这些任务的目的是吸引大家的注意力。然后安排一个人走进房间来完成一项日常工作，比如扫地，但不要引起任何人注意。当这个人离开后，请房间内的所有人在纸上写

练习 XO

下以下问题的答案——这个人穿着什么样的衣服？他的头发是什么颜色的？他用的扫帚是什么颜色的？垃圾桶有多满？他花了多长时间做完？（你也可以提出其他问题。）如果有的人不确定怎么回答，就让他们猜猜看。不要让任何人看到其他人的答案。最后，将打扫的人带回房间，让所有人轮流念出答案，看看谁的答案最准确。

你会发现我们的记忆并不准确。我们的大脑有时会“发明”一些“事实”，帮助我们回答我们并不确定的问题。这就是记忆偏差。

3. 找一些材质不同、形态各异的物品，比如苹果、玩具士兵、通心粉等，把这些物品放在一个深色的袋子里。请大家闭上眼睛。你拿出一件物品递给大家，让大家记住触摸这个物品的感觉，再将这个物品放回袋子中。每个人都可以摸，但是不能睁眼看。然后请每个人再次闭上眼睛，从袋子中找到这个物品。你可以用秒表为每个人计时，看谁的速度最快。通过这个游戏，你可以测试每个人的观察能力和对物品感受的记忆力。

三、请你说说例子中用到了哪种能力，并说出这种能力的好处是什么。

1. 阿曼德觉得他家里进了大蜘蛛，似乎每次他半夜下楼去喝水的时候，都能在水槽旁或者冰箱侧面发现大蜘蛛。他把这个发现告诉了妈妈，但妈妈不相信，说这可能是他的记忆偏差——他只不过是忘记了他去喝水却啥也没看见的时候。

阿曼德决定做个记录，看看他每次下楼喝水是否都看见了大蜘蛛。两个星期后，他把记录拿给妈妈看，十次里面有八次都看到了大蜘蛛。妈妈决定打电话叫除虫公司的人除掉它们。

2. 巴斯克姆先生的任务是破解这串密码“LSLONP CJ QNSQF KI AOJONSG PBONHSJ RNOO”。交给他这个任务的秘密特工说，破解密码的加密词是“SEQUOIA”。巴斯克姆先生回想起他小时候学过的一种密码就叫加密密码，26个字

OX 练习

母表中的每一个字母都会被另外一个字母代替。他把26个字母写了出来。

在这个正常的字母表下面，他开始写那个加密的字母表，开头的7个字母就是“SEQUOIA”。从第8个字母开始，他要按照正常字母表的顺序填写进去。但是如果某个字母已经在SEQUOIA中出现过，就要把它跳过去。

正常	A	B	C	D	E	F	G	H	I	J	K	L	M	N	O	P	Q	R	S	T	U	V	W	X	Y	Z
加密	S	E	Q	U	O	I	A	B	C	D	F	G	H	J	K	L	M	N	P	R	T	V	W	X	Y	Z

要破解那串密码，就必须把加密的每个字母用与它所对应的正常字母表中的字母代替。比如，密码中的第一个字母是L，巴斯克姆先生就需要在加密字母表中找到L，然后看它正上方的字母是什么。是P，那么就把P写下来，这就是他破译的第一个密码字符。最终，巴斯克姆先生成功破译了整条密码信息，它说的是“PAPERS IN CRACK OF GENERAL SHERMAN TREE”，即“文件在谢尔曼将军树（世界最大的一株巨杉）的树洞中”。

四、阅读下面的故事，并回答问题。

普西文·洛厄尔（Percival Lowell）创立了洛厄尔天文台。他沉浸在一个想法中不能自拔，他认为一个未知行星正在干扰海王星的轨道。洛厄尔去世后，天文台聘请了克莱德·汤博（Clyde Tombaugh）来搜索这颗“行星X”。

克莱德用一台专门为此搜索所配备的长镜头的特殊相机拍摄了许多照片。他针对“行星X”在天空中可能存在的每个位置都拍了两张照片，这两张照片的拍摄时间相差两周。然后，他使用一个特殊仪器来比较每组照片中星星的位置，看看是否有任何位移，哪怕只是轻微的位移。在1930年2月18日，他找到了梦寐以求的东西——冥王星。

你能在克莱德于1930年拍摄的这些照片中找到冥王星吗？冥王星是第一张照片中靠近中心的非常小的一个点，而在第二张照片中它消失不见了。

练习

有冥王星的照片

没有冥王星的照片

第 25 课

头脑风暴

头脑风暴是一个创造性的过程，我们可以利用它来激发奇思妙想，解决难题。

每当我们搜肠刮肚想办法来解决问题的时候，我们就是在经历头脑风暴。下面这些事都可以用上头脑风暴：装饰你的房间，为参加科学展的项目想一个好的创意，决定下次去哪里度假，弄清楚你为什么总是偏头痛……头脑风暴甚至可以用来解决大问题，比如防范恐怖袭击——

案例

总统先生：好了，我召集大家一起商议如何保护我们的国家免受恐怖分子的袭击，各位有什么好主意吗？

内政部部长：关闭所有国家公园怎么样？这样一来，恐怖分子就进不去了，也就没法制造袭击事件了。

交通部部长：还要关闭所有道路和港口，让恐怖分子出不去。

能源部部长：要是那样的话，我早上就没法上班了。

劳动部部长：我认为，保护我们免受恐怖袭击的最好方法是让人们对恐怖分子不再恐惧。大家同意吗？

教育部部长：我们举办一个全国性活动，让所有儿童一起缝制一个写着“保护我们远离恐怖主义”的大条幅怎么样？

总统先生：有趣的想法。国防部部长有话要说吗？

国防部部长：这些甜甜圈味道真不赖！

分析

在进行头脑风暴时，不见得每个想法都是好主意。显然，在这次头脑风暴中，大多数主意都很糟糕。即使这样，总统也应该继续鼓励大家畅所欲言，直到有人提出好点子。

1. 明确问题

头脑风暴时，首先必须要明确你想要解决什么问题。比如，如果你准备参加科学展，那你就需要一个创意项目。

2. 选定时间

接下来，你应该选定一天中效率最高的时间做头脑风暴，好的想法往往会在这时井喷式出现。

3. 鼓励发言

每个人都应该出谋划策，头脑风暴的目的就是让想法多多益善。不要让参与者有压力，没有谁一张嘴就能说出精彩绝伦的好主意。严禁批评别人的想法，要让别人想说什么就说什么，因为你大可不必按照他们说的来做。

汉斯：我们的文章应该写点什么？

纳撒尼尔：也许我们可以写一写关于柏拉图的哲学思考。

汉斯：那些哲学的东西你听得太多了。

纳撒尼尔：头脑风暴的第三条规则说，你不应该批评别人的想法。

汉斯：我并不是批评，而是指出事实。

通常，与一群人一起进行头脑风暴比自己一个人单干要好，人越多想法越多。

宾果：我在想科学展要做什么作品，我觉得它应该有个好玩的主题。

爸爸：你很喜欢玩彩弹射击，做这个怎么样？

4. 记录在案

指派一个人担任秘书，他/她的工作是记录下每个想法，这样就不会遗漏真正的好主意。这项工作是头脑风暴的重要组成部分。

爸爸：我列了一下我们刚才说的，你的参展作品可以是关于这些主题的：

（1）如何让彩弹枪射得更准。

（2）如何让它射得更远。

（3）哪个品种的豚鼠最容易咬伤主人。

（4）不同种类的橡皮筋在断掉之前能拉多长。

（5）推翻爱因斯坦的相对论。

宾果：还有一个你忘写了——压根儿不参加科学展。

爸爸：想都别想。

尽管其中一些想法看上去不切实际，但它说不定恰恰是个好主意，只不过你后知后觉。因此，把所有的想法都记录下来是很有必要的。

5. 归纳整理

下一步，归纳整理大家的想法，再做一些改进，然后看看哪些算是好主意。

宾果和爸爸可以把他们的想法这样归类：跟彩弹射击有关的想法、跟痛苦的实验有关的想法和不切实际的想法。他们还可以改进一些想法，比如“如何让彩弹枪射得更准”可以改成“哪些因素会降低彩弹枪的精准度”。

把所有想法归纳整理之后，宾果应该等上一天再来筛选其中最好的想法。这些想法中的某一个有可能成为一个有创意的参展项目。记住，很多好主意都是从头脑风暴开始的。

阿瑟爵士：*我正在写一个侦探故事，但我不知道这个侦探应该叫什么。你有什么好主意吗？*

查尔斯：*他聪明吗？*

阿瑟爵士：*聪明绝顶。他只要看你一眼，就能知道你的身份、个性和弱点。这对他来说就是雕虫小技，不足挂齿。他明察秋毫，总能发现破案的关键线*

索，不管失踪的是人还是物品，他总能轻松获知他们的下落。

查尔斯：华生怎么样？这个名字听起来不错。

阿瑟爵士：不行，华生这个名字我已经用了。

查尔斯：嗯……你说他总能轻松获知失踪的人或物的下落？

阿瑟先生：是的，无一例外。

查尔斯：我有个主意，叫“下落客”怎么样？[①]

小结

- **明确你要解决的问题。**
- **在一天中效率最高的时候进行头脑风暴。**
- **先写下一个想法，无论好坏，抛砖引玉，也许其他好主意就会接踵而至。**
- **用便利贴记下每个想法，然后贴在墙上。**

---

①译者注：显然，作者化用了阿瑟·柯南·道尔和他的代表作《福尔摩斯探案集》中的人物华生和夏洛克·福尔摩斯。

练习 XO

请你帮忙解决以下问题。

1.史密斯一家住在乡下，拥有大片的土地。他们的狗萨兹一到晚上就被关进围栏里，几乎整夜狂叫不止，这让一家人都睡不好觉。史密斯夫妇想解决狗叫的问题。请你头脑风暴一下，帮他们想出至少十个解决方案。

2.史密斯夫妇仍然在想方设法解决狗乱吠的问题。在下面的对话中，哪些想法不符合头脑风暴的规则，或者不应该被写在头脑风暴的记录中?

a.也许我们晚上全都应该戴上耳塞，这样我们就听不见狗叫了。

b.这是个蠢主意。晚上睡觉的时候戴耳塞很不舒服，有时候它们还会掉下来。

c.晚上让狗待在房子里怎么样?

d.你觉得狗为什么会叫?也许我们应该先找出原因。

练习

e. 有只臭鼬总来花园里吃东西，也许狗是冲着它叫。

f. 也许我们晚上不应该把它拴起来，这样它就可以抓住那个让它乱叫的东西。

g. 我们不想杀死一只可爱的臭鼬。

h. 今晚当它开始叫的时候，有人可以跑出去看看到底怎么回事。

i. 也许它只是在冲着月亮叫。

j. 我们可以搬家，找个总是阴天的城市，这样它就看不到月亮了。

3. 请把以上内容归类整理一下。

4. 你觉得哪个想法更好？

第 26 课

假想不是胡思乱想

假想和头脑风暴的区别是什么？其实没有太大区别。通常科学家们用假想来描述他们通过头脑风暴创造的想法。

案例

河马在这之前从来没打过嗝儿。打嗝儿这件事对于河马来说不容小觑，他的打嗝儿声尖锐得仿佛拉响了船上的警报。他的妻子很恼火，她提议他们应该在尼罗河岸边温暖的泥巴里放松身心，顺便做一做头脑风暴。

河马妻子： *我觉得你打嗝儿是因为我太美丽了，美得让你屏住了呼吸。*

河马： *别傻了，我打嗝儿的时候，呃呃呃，我可没有屏住呼吸，呃呃呃……*

河马妻子： *亲爱的，头脑风暴的第一条规则是我们不应该批评彼此的想法。*

河马： *呃呃呃，也许我打嗝儿是因为一块纸莎草卡在了我的喉咙里。*

河马妻子： *我听说打嗝儿是饮食造成的，也许是你吃得太多了，应该节食了。*

河马： *河马不节食！我的假想是……呃呃呃……河马打嗝儿是因为他们吃的汉堡包不够多！*

假想不必宏大

构建一个好的假想并不是让我们胡思乱想。

假想就是一个能够帮助我们解决问题或者提供答案的想法。

假想有好有坏：一个好的假想总是聚焦在一个简单的问题上，明确、简洁、有效；一个坏的假想是复杂或模棱两可的，它可能会用到“所有的”或“绝不”等绝对化的词语。

一个好的假想会用明确、简洁、有效、可验证的方式来解释一个问题或提供一个答案。

1. 坏的假想：未来会有事发生。（模棱两可。）

好的假想：每天，电视新闻会报道至少一个新闻事件。

2. 坏的假想：草药可以治愈普通感冒。（太宽泛，草药有很多，这里说的是哪种？）

好的假想：服用薄荷茶可以帮助减轻感冒症状。

3. 坏的假想：夏季在这里开采氦气是非常困难的，因为蚊子盛行。除非是大雪过后，不过这里从未在夏季经历大雪，但如果极地冰盖不断融化，夏季大雪也不是没有可能。（不够简洁。这里至少出现了两个独立的假想。）

好的假想：在这里采氦气非常困难，因为这里97%的农民都不同意在自家的土地上进行勘测。

4. 坏的假想：看电视不好。（不够明确，看电视的危害在哪里？）

好的假想：每天看8小时电视，缺少户外活动时间，会使一部分孩子的视力和体质下降。

一个糟糕的假想往往会让科学的方法、工具找不到用武之地。

如果我们自己都弄不清楚我们想要验证什么，那么我们如何设计实验来检验一个假想呢？同样的道理，如果我们根本不清楚我们要观察什么，我们就很难观察准确。

这就是为什么我们需要使用明确、简洁、有效和可验证的方式来描述一个假想。

练习

下面这些假想都是简洁、明确、有效和可验证的吗？如果不是，请你把它改写成更好的假想。

1. 这种洗衣粉不好用。

2. 外面很冷。

3. 这台电脑坏了。

4. 这辆车有毛病了，让我几乎无法呼吸，这里太热了。

5. 糖会使儿童多动。

6. 如果我在不到一分钟的时间里吃掉30颗熟透的蓝莓，我的嘴巴就会变蓝。

7. 所有的蓝莓都是蓝色的。

8. 我在这个蓝莓园里见过的所有的熊都吃蜂蜜。

9. 在一次食品抽检中，22%的食品被检出禁用农药。

第 27 课

如何证明你是错的

案例

“哈哈，这下你输定了！”伯特把棋子摆好，身子往后靠了靠。

“不，我就是不喜欢输。”珍妮把她白色的王后向左移动了两格。

伯特用他的马挡住了王后。“你这样没用，你把所有的时间都花在想方设法输棋上，这样还有什么乐趣？我就只想着赢。”

“咱俩谁赢得更多？将军！”珍妮说着，提起伯特的马，把它从棋盘上拿开，换成了她的白色的马。

“这是一步臭棋，我动动我的国王就行了。”伯特说。

珍妮笑着说：“想知道还有几步我就赢了吗？”珍妮特意把她的马摆正，像是在示威。

“不想，我从不喜欢想得太远。”伯特愁眉不展，苦思着下一步棋该怎么走。

分析

国际象棋高手在练习时往往会想方设法地寻找让自己的棋局失败的方法，他们会预估对手的走法。这是一个很好的策略。

科学家们也会用同样的策略。他们会对自己最得意的科学假想进行验证，试图证明它是错误的。他们反复实验，希望找到他们推理中的缺陷。大多数人会觉得这么做困难重重，但科学家觉得这么做大有裨益。

预测

科学家会自问：“如果我的假想是错误的，那么会出现什么样的结果？”

珍妮和伯特决定组队参加科学展，他们设计了一枚小火箭。

珍妮：行啦，我们的假想是“火箭发射后到达的最大高度取决于它的重量”，我们的预测：如果火箭负重发射，它就无法像没有负重的火箭那样飞得那么高。如果我们的假想是错误的，那么不管是否负重，火箭都能飞到相同的高度。

珍妮和伯特用他们的假想来预测火箭测试。如果他们的假想是错误的，那么给火箭增加重量将不会改变它发射到达的高度。这看上去是个合理的预测。

检验

科学家在验证假想的时候会问自己：“我能预测哪些事情？我应该如何验证这个预测？”

伯特：负重太大的话，火箭有可能坠毁，我觉得咱们发射火箭的时候还是别增加重量了。如果飞得很高，那咱们不就成功了吗？咱们见好就收，那枚火箭可是花了一个月才做出来的。

珍妮：我看不出这样的实验能证明啥，科学展的评委也不会喜欢它。

伯特：哦，科学展的评委不会在意的，他们会觉得我们的火箭很酷。

珍妮：我觉得最好还是多发射几次火箭。我们可以每次增加一点重量，然后测量火箭到达的最大高度。如果每次增加重量的时候，火箭到达的最大高度都没有降低，那就证明我们的假想是有问题的。

伯特：也许吧。不过多发射几次火箭也挺好玩的，我们尽量不让它损坏。

珍妮：是的，我觉得评委们会喜欢这个实验。

珍妮和伯特成功地为他们的假想设计了一个很棒的实验。一个好的假想可以让科学家不必大费周章就测试出它正确与否；而糟糕的假想往往很难检验，它们通常模棱两可、含糊不清，或者完全无法被验证。

汉斯：_我认为我的房间里住着隐形的粉红犀牛。它找到了我的橡皮筋和吉他拨片，并把它们吃掉了。我预测，如果我在房间里放一个运动探测器，肯定能探测到隐形犀牛的活动。_

汉斯的预测不能算是一个好的预测，就算房间里真有隐形犀牛，它能不能触发运动探测器也是个未知数。

在下节课中，我们将学到如何设计一个好的实验。

O X 练习

在下面的例子中，哪个预测是可以被验证并能支持假想的?

1.1916年，爱因斯坦发表了有关“广义相对论”的论文。爱因斯坦并不指望每个人都相信自己，除非他能用自己的理论预测一些事情。

a.爱因斯坦预言，当发生日食现象时，天文学家应该能够看到太阳引力让经过它旁边的星光发生弯曲。如果用望远镜拍摄出准确的照片，这些恒星将会出现在不该出现的位置。如果恒星没有出现在不该出现的位置，那他的理论就被证明是错误的。

b.爱因斯坦预言，在几百年内，他的理论将使科学家设计出超光速的太空飞船，人类或许有一天会到遥远的行星生活。

c.爱因斯坦预言，如果他的理论是正确的，并且如果地球脱离它的轨道，一头撞向太阳，那么地球上的大多数人都将死去。

a ☐　　b ☐　　c ☐

2.内森住在大城市里。他注意到，当他购买了越来越多的电器之后，家里的无线网络的网速变得越来越慢。他怀疑是家里设备太多造成的。

a.内森预测：如果他买一个有更高网速的新路由器，他的网络速度会再次变快。

b.内森预测：如果他把所有的手机和平板电脑都扔掉，他的网络速度将再次变快。

c.内森预测：如果他把房子卖了，搬到阿拉斯加农村，那里没有邻居的无线网络干扰，他的网络速度将再次变快。

a ☐　　b ☐　　c ☐

3.巴莱特博士被聘请来测试一台包装葡萄干的机器。每个包装盒中应该有1350—1470个葡萄干，制造商想要确保机器不会在包装盒中放进太多的葡萄干。

a.巴莱特博士建议制造商听取顾客的反馈。他预测，如果顾客有任何不满，则表明机器出现故障。

b.巴莱特博士建议制造商打开每个包装盒，清点葡萄干，然后再把葡萄干放回包装盒中。

练习 X O

c. 巴莱特博士建议制造商在一天的生产过程中随机选取30盒葡萄干，清点每盒中的葡萄干数量。如果每盒中的葡萄干数量都在1 350—1 470之间，那么机器很可能是运行无误的。

a ▢　　b ▢　　c ▢

4. 戴西想购买一条新的攀岩绳索。她看到商品目录中有一条柠檬黄色的绳子，她认为这条绳子够结实，足以让她带着装备穿越奔腾的溪流，探访幽深的山洞。

a. 戴西预测：如果绳子能跟她的中指一样粗，它就足够结实。

b. 戴西预测：如果她用一把锋利的刀去割绳子，它不会被割断。

c. 戴西预测：如果她到专业攀岩网站上去查查这种绳子，她会看到很多登山者都说这种绳子不错。

d. 戴西预测：如果她把绳子的一端绑到树上，另一端绑在汽车的保险杠上，她把汽车开到最大马力，绳子不会断开。

a ▢　　b ▢　　c ▢　　d ▢

第 28 课

一个好实验

案例

……晃了晃水壶，一滴水都没有，他必须尽快抓住那个偷马贼。砰！他骤然感到肩膀上传来一阵钻心的疼痛——他被偷马贼打中了。

几个小时过去了，警长的伤口还在流血。此时，他的水喝光了，马也死了，而离烟囱镇还有20千米……他瘫坐在仙人掌的阴影下，头痛欲裂。他坐起身，忽然想起那本《野外生存指南》里说巨型仙人掌的汁液可以止血，于是，他用小刀切了一块仙人掌，捣烂后敷在伤口上。“好歹试试看吧。”他一边说，一边站起身来。

分析

警长在拿仙人掌的汁液做实验。他的假想是“巨型仙人掌的汁液可以止血”，而他的实验会告诉他这个假想是否成立。

实验是用来验证假想的一种方法，它能帮你搞清楚一个假想是否成立。

然而，沙漠并不是一个理想的实验场所。警长很想知道仙人掌汁能不能止血，但就算它真有这个功效，这个实验恐怕也没法帮上他的忙。为什么呢？因为就算伤口止血了，他怎么知道是仙人掌汁发挥了作用？伤口也有可能是自行止血的。警长需要将自己的伤口与其他没有用仙人掌汁进行治疗的伤口进行比较后才能知道仙人掌汁是否真的有止血作用。

出色的科学家会让他的实验：

1. 只有单一的实验变量。
2. 有一个对照组。
3. 可以被重复。

变量和对照组

警长和歹徒在峡谷两边对峙。他们枪里的子弹都用完了，两个人的肩膀也都受了伤。“咱们俩停战吧，”警长说，“反正我也逮不到你。如果不尽快到达镇上，咱们俩都活不成。”

歹徒冲警长点了点头，现在他也只能相信警长了。警长转过身来，把一

些仙人掌敷在伤口上。“那个坏蛋可未必知道这个，”他一边说一边站起身来，“这值得做个实验。”接着，他开始朝镇子的方向走去。

如果警长的伤口与歹徒的伤口相仿，警长在伤口上敷了仙人掌汁而歹徒没有，如果警长活下来了而歹徒却因为流血过多身亡，那么警长的确可以证明《野外生存指南》中的内容是正确的。

变量是事物中的差异。在这个实验中，变量就是警长伤口和歹徒伤口处理方式之间的差异——只有警长用了仙人掌汁来治疗伤口。我们可以把警长的伤口称为实验组，把歹徒的伤口称为对照组。比较这两个伤口的情况，看看它们之间唯一的不同之处（有没有敷仙人掌汁）最终会导致何种结果。

要让这个实验万无一失，警长需要确保他和歹徒之间只有这一处不同。他们俩都受伤了，都身处炎热的沙漠，都需要走相同的距离才能回到镇上，他们俩唯一的不同（变量）就在于警长用了仙人掌汁来治疗伤口，而歹徒没有。

如果这时候歹徒还有一壶水而警长没有，那么这个额外的差异就有可能改变实验的结果。这壶水或许救了歹徒的命，但它也会让整个实验功亏一篑。

可以重复

多年以后，烟囱镇为“仙人掌”警长举行了一个庆祝活动。人人都听说过这样一个故事——“仙人掌”警长当年如何在身中五枪的情况下还在追捕歹徒，又是如何靠着往伤口上敷仙人掌才活下来。

有人建议警长做生意，出售“包治百病”的仙人掌汁。“我没准儿还真会那样做！”有人听到警长说。

警长有可能在他的第一次实验中忽略了某些东西——这种可能性永远存在。各种各样的巧合都有可能导致他的实验结果产生偏差，比如，也许他用的仙人掌是个罕见的品种，也许歹徒的体质更容易血流不止。因此，警长需要多次重复做这个实验——他重复的次数越多，就越有可能发现潜在的问题，实验结果也越有说服力。

把事情简单化

让我们来看一个失败的实验，看看到底是哪里出了问题。

“已经连续两个星期了，你每天早上都这么难受，”一天早上，利特尔太太问丈夫，“到底是什么让你过敏了？”

利特尔先生呻吟着：“我都难受死了。别跟我说话。”

利特尔太太说：“我在书里看到，我们房间里的这种甲虫会让人过敏。”

“没准儿就是它！”利特尔先生兴奋地大嚷大叫，“快把吸尘器给我拿来！”

晚些时候，利特尔先生说：“果然就是那些甲虫！它们现在全在吸尘器里面了，我也不过敏了，它们的侵略失败了！”

第二天早上，利特尔先生很沮丧地说：“肯定不是那些甲虫，我现在又难受得不想活了。”

当一个实验以失败告终，我们接下来要做的就是去排除某个我们之前没有意识到的影响因素，它就是一个未知的变量。

利特尔先生的假想是甲虫引起他过敏。他认为，倘若甲虫全部被消灭了，他的过敏症状也随即消失，那么甲虫一定是罪魁祸首。于是，他用吸尘器

把所有甲虫吸了个干净，想以此来验证这个假设。结果第二天早上，他的过敏症状又出现了。利特尔先生是否应该得出甲虫不是造成他过敏的原因的结论呢？

如果我们仔细读一读到底发生了什么，我们可能会注意到一件利特尔先生本人没有注意到的事情：他的过敏症仅仅发生在每天早上。这有可能是一个重要因素，他应该想办法排除这个变量。

利特尔太太说："我注意到一件事，每天早上当房子的东边有太阳照进来的时候，房子里的甲虫就更多。"

利特尔先生回答："你说的没错。也许它们是早上进来，到下午就走了。这就是为什么我早上会过敏，而到了下午就没事了。"之后没多久，利特尔先生就宣布："亲爱的，我在灯箱里发现了一大片死甲虫！它们就是从那儿进来的！我把它们都吸干净了，还把那个洞给堵死了。"

第二天早上，利特尔先生高兴地说："今天早上我总算像个正常人了！"

实验是个棘手的事情。为了让我们能从中学到有用的东西，我们应该多留意那些可能影响实验结果的因素，化繁为简，排除未知变量，就一定会做出很棒的实验。

说明：

1. 本书以故事的方式介绍了一些科学术语。科学术语是复杂的，而且教科书对于它们该如何使用会有更严谨的表达。我们认为，书中使用的术语足以让普通人应对日常生活中的小实验或是用来设计科学竞赛展的项目。这些都可以成为进一步学习科学的跳板。

2. 我们这里讨论的并不是"可复制性"，这个概念超出了本书的范围。我们建议重复实验是为了排除隐藏的变量。

练习

一、请你在下面的例子中找出能够验证假想的最佳实验。最佳实验应该具备：（1）有单一的实验变量；（2）有对照组；（3）能够被重复。

1. 我觉得今年冬天不像从前那么冷了。

a. 我会去问爷爷，看他是不是觉得今年冬天还像他年轻时那么冷。

b. 我会去图书馆，比较一下从1920年到今年的冬天日平均气温记录。

c. 我会量一量这个冬天花园里的雪有几厘米。

a ☐　　b ☐　　c ☐

2. 我认为在这个饼干的配方中添加香草会让饼干的味道更好。

a. 我会在一批饼干中加入香草，然后尝尝味道如何。

b. 我会在一批饼干中加入香草，另一批则不加，然后分别尝尝它们的味道如何。

c. 我会问玛莎姨妈，看她是否认为在饼干中加入香草会让它们更好吃。

d. 我会在一批饼干中加入香草，而另一批不加，把两批饼干混在一起，只有我知道它们的区别。然后让我的家人分别品尝两种饼干，再问问他们更喜欢哪一种。

a ☐　　b ☐　　c ☐　　d ☐

3. 我认为我的房间里住着隐形的粉红犀牛，它找到了我的橡皮筋和吉他拨片，并把它们吃掉了。

a. 我会把一个吉他拨片放在卧室中间的地板上，然后通过运动探测器来监测房间。

b. 我会从大英博物馆聘请一位神秘动物专家，让他来检查一下我的房间中是否有隐形的粉红犀牛。

c. 我会从非洲雇一个专打大型动物的猎人，让他把我房间里的隐形的粉红犀牛全都打死。

d. 实际上没有任何方法可以检验我的假想。

a ☐　　b ☐　　c ☐　　d ☐

练习 XO

二、在下面的实验中，请你找到：(1) 实验变量；(2) 对照组（如果有的话）。如果实验存在缺陷，请你说说问题出在哪里。

1.珍妮认为蚂蚱比蛐蛐跳得更远。她分别抓了五只成年的蚂蚱和蛐蛐，又在车库门口画了一条线，把一只蚂蚱和一只蛐蛐放在线后，敲一敲它们身后的地面，让它们往前跳。她尽可能地多次重复了这个小把戏。除了一次有一只蚂蚱不听话，转过身跳到了她头上，其他实验中，她发现蚂蚱比蛐蛐跳得远得多。

2.歹徒说他比警长拔枪的速度更快。他们面对面站在峡谷两侧，警长建议歹徒不要验证这个假想。"缴枪投降吧！然后爬到峡谷这边来。你会得到一个公正的审判。"而歹徒坚称他出枪更快，说着便拔出枪来。一时间，火光四射，怒吼声、枪声混杂在一起，两个人肩上都中枪了。

3.克拉丽莎小姐拥有烟囱镇最好的旅馆。她厌烦了照顾肩膀受伤的警长，她认为这是妻子而不是旅馆老板该做的事情。警长看起来似乎都在一心一意地追捕歹徒，完全忽略了她的辛勤照顾，因此她决定看看是不是的确如此。她勒令警长搬到街对面斑比诺夫人的旅馆去，她想看看警长能否留意到她的无微不至和斑比诺夫人的粗枝大叶之间的区别。

练习

4. 贝蒂很喜欢购买新的洗衣产品。她最近购买了两种织物柔软剂——软东东和水拍拍，尽管她对一直在使用的布柔柔还算满意。她想做个实验，看看家里人能不能注意到它们的区别。她已经使用布柔柔好几年了，于是她决定下个月改用软东东，再接下来那个月改用水拍拍。她会细心地询问每个人，看看他们是否感觉出使用不同品牌织物柔软剂后的区别。

5. 1847年，伊格纳兹·塞梅尔维斯（Ignaz Semmelweis）医生在维也纳医院工作。他负责第一产科诊所，医学院的学生在那里照料分娩的产妇。记录显示，在第一产科诊所接受照料的产妇中有13%死于产褥热；在由助产士负责的第二产科诊所中，只有2%的产妇患上了这种疾病。维也纳的孕妇非常害怕在第一产科诊所分娩，她们害怕因此死掉，而且她们的担心不无道理。塞梅尔维斯迫切希望找到原因。两家诊所同属于一家医院，并且产妇们都使用了相同的分娩方式，唯一的区别在于医护人员不同。塞梅尔维斯通过观察发现，医学院的学生会在不洗手的情况下，从验尸间直接走进产科病房工作；但是，助产士从未去过验尸间。于是，他命令每位医生在进入产科病房之前都要洗手，从此第一产科诊所的死亡率大大下降。

第 29 课
如何分析数据

在上一课中，利特尔先生用吸尘器清除了甲虫，并得出结论：他的过敏是这些甲虫引起的。利特尔先生遇到了一个问题，他对解决方案提出了自己的假想，并验证了他的假想。

如果利特尔先生想收集更多实验数据的话，他可以重复他的实验。他可以弄来几袋子甲虫，把它们撒得满屋子都是，看看他是否再次过敏；然后他可以再用吸尘器把甲虫吸干净，看看他的过敏症状是否也随之再次消失。不过，幸亏他没有打算这么干。

对于科学家来说，分析数据算得上是难度最大的工作之一。

案例

假设现在是2200年，地球上的核燃料即将耗尽。巴斯船长的任务是从月球上开采氦-3。月球卫星和月陆机器人已经传回来大量数据，就在我们听到以下对话的时候，巴斯开始分析他的数据。

巴斯： *整个地球就靠我们了，我们必须迅速采取行动。*

机器人助手： *船长，您的意思是，在月球最深的陨石坑中可能有更高含量的氦-3？*

巴斯： *是的，助手。但这些数据有些复杂难懂！*

分析

分析数据

数据是通过研究或实验收集到的信息，它可以告诉我们四件事：

1. 好消息：我支持你的假想。

2. 坏消息：我不支持你的假想。

3. 没有消息：我也不知道我在说什么。

4. 神秘消息：我没想到会出现这个。

好消息

就在几节课之前，我们学习了如何成为敏锐的观察者。你可能会问：“就算我学会使用测量仪器并且完整记录下数据，我能从数据中得到什么？”

机器人助手： *船长，这是您要的图表。*

巴斯： *你看，卫星数据显示：月球表面尘埃中氦-3的平均含量为1.4×10^{-9}；在月球的高峰之一的哈德利山，尘埃中氦-3的平均含量则低得多；但是，月陆机器人在月球最深陨石坑中测得的数据竟然是表面尘埃中测得数据的10倍。*

巴斯在数据中搜寻规律，在图表中企图找到更隐秘的趋势。他在问自

己:“数据能够证实我的预测吗？”

巴斯：最低的读数来自高耸的山峰，而最高的读数来自月球的低谷。这似乎证实了我的预测。

机器人助手：我们要让探险队登陆吗？

巴斯：我们要勇往直前，去往无人之境！

巴斯船长那边的进展很顺利。但是，当科学家接到坏消息时会发生什么呢？

坏消息

奶奶：我的电脑没法下载视频了。亲爱的，你能把它弄好吗？你很懂计算机。

孙子：你的驱动程序可能有问题，我来帮你更新一下。

孙子（几分钟后）**：**我更新了你的驱动程序。

奶奶：哦，你真好。

孙子：可你的电脑还是没法下载。

奶奶：哦……

孙子：可能是防火墙的原因，我把它关掉试试。

孙子（几分钟后）**：**我把防火墙关上了，但还是不行。

奶奶：太麻烦你了。

孙子：嗯……也许电脑没有联网，我再连接一下服务器试试。

孙子（几分钟后）**：**我重新连接了服务器，可还是无法下载。

奶奶：你真有耐心。

孙子：也许我可以重新启动计算机。

孙子（*几分钟后*）**：***我重新启动了计算机，不过还是不行。*

这个故事中的奶奶无法下载视频，而她的孙子对此做了很多假想。每一次验证假想的时候，他都发现自己弄错了。这的确挺让人灰心丧气。同样的事情在科学实验中也时有发生。别忘了，爱迪生为了寻找合适的灯丝材料进行了几千次尝试，每次尝试都是在验证一个假想。

没有消息

更糟糕的情况是，我们得到的消息模棱两可。

奶奶：*我的电脑好像修好了，它刚刚下载了一个视频。*

孙子：*好，总算好了。嗯……不过这个视频好像是昨天下载的。*

奶奶：*不是吧？我之前没有看到这个视频啊！*

孙子：*你的电脑是今天早上坏的，对吧？这之前你下载过视频吗？*

奶奶：*是的。*

孙子：*所以这个视频应该是你之前下载的，只不过你没有看到。你看，这里显示的下载时间是昨天。*

奶奶：*那应该是吧……*

孙子：*所以你的电脑可能还是没修好。这样吧，你干脆现在下载一个视频看看行不行。*

科学家不喜欢模棱两可的数据，这就是为什么他们在设计实验的时候，要让它能够给出明确的“是”或“否”的答案。他们不想看到似是而非的结果，让人想怎么说都行。如果数据含含糊糊，科学家必须想办法找出其中的错误，然后换一种方法来做实验。

神秘消息

科学家常有的另一种发现往往是意料之外的发现。

巴斯船长和他的团队在月球开采氦-3已经3年了，他们正准备下降到最深的陨石坑中。

机器人助手： *船长，从未有人进入过这个陨石坑。让我检查一下你的超级电池。船长，你看起来很沮丧。*

巴斯： *我们没有像预期的那样找到有开采价值的氦-3。有些坑里有，有些坑里没有。*

机器人助手： *可您的假想不是陨石坑里会有更多的氦-3，因为它们在那里不会受温度变化的影响吗？这意味着……*

巴斯： *为什么有些坑里有，而有些坑里没有？数据真是一团糟。你注意到没*

有，有些陨石坑底表面有一道一道的印子？我真是弄不明白。

就当他们降落到坑中，靴子踏入坑底远古的尘土中时，机器人助手的手电照亮了那片黑暗，他们惊讶得瞪大了眼睛……

机器人助手：这看上去像个拖拉机，船长。

巴斯：怎么会这样？

机器人助手：我可以阅读地球上的所有文字。这个文字看起来像是古代的楔形文字，它的意思是：此乃尼姆罗兹大帝之财产。

巴斯：这就是我想当科学家的原因——发现意想不到的东西。

机器人助手：看来我们得走得再远些，船长。

练习

你认为下面例子中的证据符合哪一种情况？（a）支持假想；（b）不支持假想；（c）看上去模棱两可；（d）包含意料之外的结果。

1.伯特认为金可溶于盐酸。他拿起了一枚金币，把它放进高浓度的盐酸里，结果什么都没发生。

a ☐　　b ☐　　c ☐　　d ☐

2.你每隔一天就会在下午2点左右出现严重的偏头痛。你的朋友们煞费苦心地为你找来各种治疗方法，于是你决定每个星期尝试一种方法。第一周，珍妮建议你头痛时喝下含有100毫克咖啡因的饮料；第二周，玛格丽特建议你每天服用银杏叶提取物；第三周，内特建议你每天进行4小时的高强度运动。第一周，你的偏头痛发作了一次；第二周，你的偏头痛发作了五次；第三周，你的偏头痛发作了三次。你得出结论：咖啡因的效果最好。

a ☐　　b ☐　　c ☐　　d ☐

3.纳撒尼尔一生的梦想就是要征服感冒。他读了一篇关于胶银如何能够杀死微生物的文章。当家里有人得了感冒时，他就会让家人服用一些胶银来增强抵抗力；当自己感冒时，他会服用更多。事实证明这非常有效：自从服用了胶银，他很少感冒；即使感冒了，他也能在短短两天内痊愈。

a ☐　　b ☐　　c ☐　　d ☐

4.斯诺的假想是，戴手套切洋葱可以避免流泪。于是，他准备戴着手套切碎13个洋葱，验证一下。结果，他只切了两个洋葱就泪流不止，因此不得不停手了。

a ☐　　b ☐　　c ☐　　d ☐

5.警长瘦削、矮小，但强韧。在“仙人掌事件”之前，每次人们叫他“矮子”的时候，警长都会皱眉头，他担心那些家伙会觉得他不够强壮。他的假想是，如果他用“仙人掌”这个绰号，别人就会觉得他很强壮。如果他能和一个让人印象深刻、跟仙人掌有关的事情挂上钩，人们可能就会叫他“仙人掌”。于是他决定，如果他在沙漠中被歹徒开枪打中了，他就会在伤口上抹仙人掌汁，然后告诉所有人，仙人掌汁救了他的

OX 练习

命。众所周知，他的谋划实现了。

a ☐ b ☐ c ☐ d ☐

6. 汉斯认为，一旦他的电脑出错，那就是隐形的粉红犀牛在捣乱。为了检验这一假想，他守在电脑旁等着它报错。每当电脑报错的时候，他就会记录下自己是否看见了隐形的粉红犀牛。经过两个月的仔细观察，他一只隐形的粉红犀牛都没看到。

a ☐ b ☐ c ☐ d ☐

7. 你的假想是，干净牌洗衣粉的去污效果要优于去尘灵牌和洁更净牌。为了测试这三种洗衣粉，你把三筐衣服各用一种洗衣粉来洗。作为对照，你还洗了另外三筐衣服，但是没有使用任何洗衣粉。你发现，没用洗衣粉的衣物洗得最干净。

a ☐ b ☐ c ☐ d ☐

第 30 课

边听边学

案例

宾果：我有个主意，爸爸。如果我把电池连到电动机上，然后让电动机带动一个发电机，再把发电机接到电池上，这样发电机产生的电就可以给电池充电，那么这个装置不就可以永远运行了吗？电就可以循环起来，产生越来越多的电力！我们可以用这个办法给整个房子供电！

爸爸：儿子，我不想打击你……但有人已经试过你这个想法了。

分析

假如你是一名真正的科学家，而且你认为自己即将做出惊人的发现。这时候来了一个人，告诉你他早就试过了你的想法。这多让人大失所望！但你随即意识到，你也因此节省了不少时间。

研习别人的成果并听取他人的建议可能是科学方法中最有用的工具，也是最容易用的工具。

研究

科学家花在图书馆里的时间往往比花在实验室里的还要多。当科学家想要回答一个问题的时候，他不会一上来就做实验，他会读关于这个主题的书，搜索互联网，与其他科学家交谈……他可能不是第一个对这个问题产生兴趣的人，其他科学家有可能已经做了很多可供他借鉴的实验。

伯特：*在科学展中，我将实践我的革命性创造——把纸条塞进玻璃管里，再用电火花点燃，这样就可以制造出更好的灯泡。*

珍妮：*你或许可以了解一下爱迪生所做的灯泡实验，他发现钨丝比纸条能维持更长的时间。*

调查研究

1. 列出与你的主题相关的重要术语和关键词，在图书馆或互联网上查一查这些词。

2. 记录下你查询的结果。

3. 找到有关这个主题的两种或两种以上的不同观点。

当科学家发现他的问题已经有人研究过了，他会为此而感到高兴，因为他可以把宝贵时间投入到其他未解的难题中去。但是如果他没有找到现成的答案，那就意味着是时候进入实验室，开始做实验了！

同行评审

科学家会请其他科学家来检查他的工作，看看他有没有疏漏。这就好比是称职的父母会向别人请教育儿经验，出色的艺术家会请朋友来点评他的雕塑，而你正在读的这本《思维工具箱》的作者也会将书稿发给朋友，请他们给出中肯的读后感。这些人都在想方设法请同行评审。

你可能在故事里听说过，某个遁世隐居的科学家做出了革命性的重大发现。但通常来说，现实中的科学发展并非如此，如果科学家们都彼此不相往来，这对科学来说可不是一件好事。

你征求别人建议的时候，千万别害羞，大多数人其实很喜欢发表个人看法，尤其是科学家。甚至你还可以去大学里找个真正的科学家，向他请教你心中的问题。

下面的方法你也可以尝试一下：

1. 和你的朋友探讨一下你想做的事情，看看他们有什么好主意。

2. 采访相关的专业人士，比如老师、历史学家或医生。

练习

下面例子中的主人公是否可以通过同行评审来更好地实现他的目标？他应该怎么做呢？

1.伯特想不好拿什么作品参加科学展，妈妈建议他做一个关于甲壳亚门的项目。伯特之前从来没听说过这个词，但是他又不好意思问，于是他去了图书馆，向图书管理员询问关于“带壳的大门”的书在哪里能找到。管理员给了他一个莫名其妙的表情，然后给他指了指哪里有关于“失落的亚特兰蒂斯”的书。他走到两排书架中间，一眼看到一本图册，里面全是第二次世界大战中所使用的坦克。太酷了！他坐在过道上看了一个小时，翻来覆去地琢磨到底是谢尔曼坦克好，还是虎式坦克好，同时，他还复印了书中关于“闪电战”的几页。

2.珍妮也打算参加科学展，她选定的题目是甲壳亚门。她去超市买了几只活蹦乱跳的小龙虾，偷偷放进自己房间的鱼缸里，用滴管和针给它们做了神秘的实验。因为担心朋友会抄袭她的项目，所以一直保密，直到科学展那天。但是评委们看到她的实验后，认为她违反科学展规则第5条（关于人道对待动物），取消了她的参赛资格。

练习 XO

3.霍华德有一个秘密，他只告诉了少数几个朋友——他知道如何制造永动机！这个方法非常简单，而其他科学家竟然从未想到，真是难以置信。这个机器里面有磁铁，在他画出来的图纸中，它看起来像一只大螃蟹。他说，如果有一天他把这个机器造出来，他会把它命名为“甲壳动物机器”。

4.泰拉从来都不喜欢黑暗的角落和狭窄的空间，但她稀里糊涂地被弟弟泰伦斯说动，跟他一起去洞穴里探险。洞穴里阴暗无比，泰拉只能看清泰伦斯的大致轮廓。“嘿！你！你觉得我能钻到这块潮湿的大石头底下吗？”前方传来泰伦斯的声音。“你说什么？你的声音怎么有回音？”泰拉说。“哇……那边有一大片空地！”泰伦斯说着，兴奋地走了过去。泰拉在泥泞中继续挣扎了一会儿，然后她看见了一只岩洞蟋蟀，那只大虫子正在盯着她看。“千万别动！”泰拉说，恐慌开始占据她的大脑，“蟋蟀应该和甲壳亚门动物是近亲，它们应该更怕我才对。”

OX 练习

5. 阿尔贝托一直对螃蟹很感兴趣。他住在夏威夷的瓦胡岛，因此他可以随心所欲地去海滩看螃蟹。一连好几个月，他总是走到海滩去观察螃蟹的行为。阿尔贝托与邻居说起他观察螃蟹的事情，邻居建议他记录下自己的观察结果并拍照。阿尔贝托有惊人的发现，他终于知道了螃蟹在平时都干些什么。他把这些写成论文，然后寄给邻居的一位朋友，并收到了热情洋溢的反馈，还受邀飞往新西兰参加甲壳动物行为的学术会议。

第31课

伪科学

伪科学，顾名思义，就是假的科学。如果有人说他在做的事情很符合科学，而实际上他并没有使用科学工具，反而对此避而不谈，那他在做的就是伪科学。

当然，我们并不会处处都用到所有科学工具，这很正常。但是，我们应该有一说一，诚实对待自己和他人。科学方法以靠得住而著称，如果不使用科学工具，就不应该攀附科学的威名。伪科学是某种形式的欺骗，有时候是欺骗别人，有时候是欺骗自己。

案例

广告：印度疗愈盐正在为数百万不堪重负的国人注入全新的活力。它的发现始于安永·博伊格博士深入印度丛林的科研探险，这种盐已被当地的疗愈者使用了数千年。

博伊格博士：我的西方医学教育背景让我一开始对疗愈盐的效果感到怀疑。但是，在我跟焦虑症斗争长达10年之后，是它把我解放出来，让我从此对它的疗效深信不疑。请相信我，我可是BMI博士。

印度有一种说法：忙碌的生活方式会破坏我们身体的健康内核。使用疗愈盐，加之有规律的锻炼，可以让人体的生物波重新焕发活力。它缓解焦虑症的疗效比最广泛使用的处方药物要强10倍。

现在只需69.99美元，你就可以用上疗愈盐，用它给你紧张的现代生活注入新鲜的动力。

分析

在这个广告中，博伊格博士用到了不少听上去颇有科学感的术语，还告诉我们他有西方医学教育背景。他的目的是让我们相信，这种治疗方法已经得到了科学的检验。

我们该如何分辨这是不是靠得住的科学呢？这就需要我们读懂广告内容，抽丝剥茧。然后我们就会发现，这里缺少了某个重要的科学工具，或者博伊格博士把这个工具用得大错特错。我们需要问一问下面这些问题：

1. 博伊格博士是否会从中赚钱？科学家和医生需要向人们证明，他们不会从自己主张的事情中获得个人利益。如果有，我们要提高警惕。

2. 博伊格博士说他是BMI博士。这个名头听起来很科学，但它是什么意思呢？他说他拥有BMI的学位，但我们需要进一步追问BMI到底是什么意思。

3. 除了他的个人经历之外，博伊格博士是否有任何科学证据来支持他的

吹牛大王

论点，证明印度疗愈盐能够激活我们的生物波？他的产品是否经过第三方实验室的检测呢？

伪科学

1. 伪科学往往会忽略或滥用科学工具。

2. 伪科学总是具有欺骗性。

3. 宣扬推广伪科学的人往往会因此获利。

靠得住的科学

小结

这才是靠得住的科学家应有的特征：

1. 好的科学家善于自我批评，敢于承认自己的局限性，不会对他们的科学主张言过其实。

2. 好的科学家会把他们使用的科学工具说得一清二楚，不会让我们一头雾水。

3. 好的科学家尊重不同的意见，包括反对意见。

4. 好的科学家会为了新的想法而兴奋不已，但也会保持审慎和怀疑的态度。

这些特征不是一成不变的，很多时候，我们还需要根据实际情况和我们的个人经验加以判断。

练习

请你判断下面的每段话是以下哪种情况并说出你的理由。

（a）是科学；（b）是伪科学；（c）不确定。

1. 头痛的时候我会服用阿司匹林。医生建议我这么做，而且似乎在大多数时候都很管用。或许你也应该吃一片阿司匹林来缓解头痛。

a ☐　　b ☐　　c ☐

2. 我的名字叫约瑟夫·戈德曼，我发明了一种能源机器，可以为全世界提供能量。但是，石油公司迫使政府拒绝给我发放专利，因此我无法向您展示我发明的能源机器的工作原理。我目睹那些无知的科学同行弃我而去，因为他们拒绝承认我所做的研究终将带来革命性的变革。

a ☐　　b ☐　　c ☐

3. 汤姆医生在实验室中已经努力了半个多世纪，他的许多举世闻名的发现为他赢得了极高的荣誉。他是著名的医生兼化学家，是位于俄亥俄州辛辛那提市4857号巴特费尔德大楼的阿尔滕海姆医学药房的负责人。他刚刚发布了一个震惊世人的发明——一种可以促使任何秃头生发的药物。他声称，经过数年的实验，他终于实现了他的雄心壮志。对于这名医生来说，所有人的脑袋并无二致，任何脑袋都可以被这种非凡的药物所治愈。从目前已经取得的治疗效果来看，它毫无疑问创造了奇迹。若非因为这名医生举足轻重的地位和全国成千上万患者令人信服的证词，它的神奇效果简直让人不敢相信。医生做出的宣传之恳切、药物疗效之确凿都是不容置疑的。他不期望任何人对他的话一听即信，随时准备将这种神奇

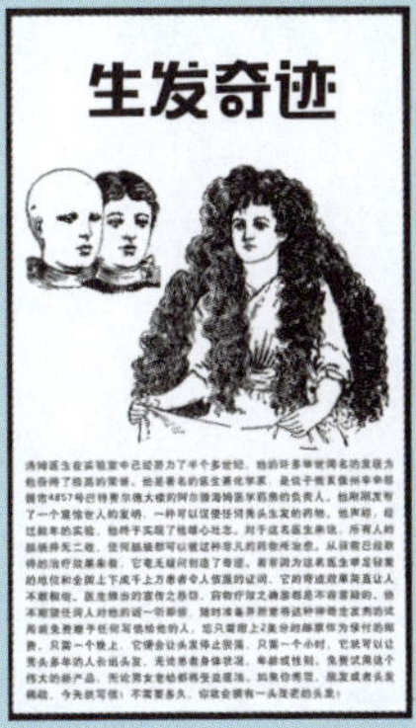

练习 XO

生发剂的试用装免费赠予任何写信给他的人，您只需附上2美分的邮票作为预付的邮费。只需一个小时，它便会让头发停止脱落，只需一个晚上，它就可以让秃头多年的人长出头发，无论患者年龄、性别和身体状况如何。免费试用这种伟大的新产品，无论男女老幼都将受益匪浅。如果你秃顶、脱发或者头发稀疏，今天就写信！不需要多久，你就会拥有一头茂密的头发！

a ☐ b ☐ c ☐

第 32 课 利特尔的项目

我们这里要讲的是一个全家总动员的故事。我们希望把之前讲过的所有科学工具融会贯通，让你在一个具体的场景下知道如何使用它们。

在我们讲这个故事的时候，请你拿出一张纸，挡住下文，然后一行一行往后读。当你看到“挑战”一词的时候，请你立刻停下来，尝试回答这个“挑战”中的问题；回答后，你可以继续向下滑动纸张，看看答案应该是什么。

起因

这是2030年，利特尔先生辞去了他在联合计算机公司的工作，打算好好陪伴一下孩子们。他们有一个伟大的计划：设计一台小型计算机。儿子宾果刚刚完成一次工程力学实习，女儿邦妮也同意出力帮忙。

宾果：*爸爸，我们该从哪里开始？*

挑战：开始这样一个项目需要用什么样的科学工具？

“头脑风暴，”利特尔先生说，“我们需要做一次高效的头脑风暴，就像从前那样——妈妈给我们做热巧克力，我们来解决世界难题。”

经过一个下午的苦干，房间里堆满了咖啡杯，贴满了便利贴，每个人都对这个项目充满了热情。他们刚刚进行了一场疯狂的头脑风暴，宾果把腿翘到了墙上，总结：“所以，我们一致认为这台计算机必须是革命性的，它必须是消费者想要的东西……”

“而且我们早就用烦了单调乏味的常规计算机，”邦妮说，“我们也厌倦了键盘。我相信很多人都有同感。”

利特尔太太走进房间：“看起来，这次头脑风暴给了我们一个假想，给了我们一个目标，这是一个好的开端，但我们不能光靠直觉来判断消费者想要什么，我们需要确凿的事实。”

挑战：哪种工具可以帮助我们把直觉转化为确凿的事实?

“实验！”利特尔先生说，“我们可以问问潜在客户最想要的计算机是什么样子的。”

晚饭时间到了，但是利特尔一家还在计划他们的下一步行动。利特尔太太列出那些符合他们用户画像的朋友。邦尼想起住在街对面的普林格先生之前管理过一家营销公司，他或许会有不少好主意，于是，他们把普林格先生请到了家里。

挑战：利特尔一家邀请普林格先生来到家中。他们这么做是在使用哪种科学工具?

“同行评审在这种情况下可有用了，”普林格先生热情高涨地说，“你们一开始就找对了大方向。就像我总说的，一鸟在手胜过两鸟在桥下，还有什么来着……”

“您说得没错，”利特尔先生打断他的话，“但是普林格先生，我们该怎么做问卷调查呢？我们可从来没做过这种事。你能不能给点建议？”

“嗯……”普林格先生沉思道，“买新电脑的大部分人都是住在郊区的中产家庭和业务快速增长中的企业。你可以挨家挨户听听人们有什么需求，也可以与一些成长中的公司的技术主管聊一聊，看看他们想购买什么样的计算机。”

利特尔一家人真的这么做了，一周后，他们搜集到了大量数据。

宾果说：“我已经和好几百人都谈过了，也听到了五花八门的意见。这些数据能告诉我们什么呢？我们怎么才能知道呢？”

挑战：利特尔一家应该如何处理他们收集到的数据？

“分析数据——我们可以制作图表，然后看看这些信息有什么规律。”利特尔夫人说。她和邦妮仔仔细细读了一遍用户意见，做了统计，最后归纳出6个方向：(1) 可靠的；(2) 带键盘；(3) 有屏幕；(4) 带铅笔刀；(5) 可以放进口袋里；(6) 可以对话的。

利特尔太太揉了揉脑门儿：“要我说，这既证实了我们的假想，又否定了我们的假想。你觉得呢，利特尔先生？”

利特尔先生回答：“我觉得我们的用户很挑剔。他们想要键盘和铅笔刀，但又想把电脑放在口袋里。这很有挑战。我之所以辞去公司的工作，就是因为我们产品的主管不愿意接受新想法。不过，我认为键盘和铅笔刀是最不重要的，用户没准儿更愿意用更有趣的功能替换这两项。”

邦妮说：“也许用户已经给了我们一个线索，他们说想要一个可以对话的电脑。爸爸，这个我们能做吗？”

挑战：要回答邦妮提出的问题，应该使用哪种工具？

“我们得好好做做调研，”利特尔先生回答，“咱们为什么不去一趟大学图书馆，然后再花些时间在网上研究一下计算机技术？我们可以研究研究人机交互的可行性。”

在熬了几个通宵，做了大量阅读和调研之后，他们觉得这个想法行得通。

样机

邦妮负责的是模仿人类的声音，她想让电脑像人一样说话。

挑战：想要模仿人类的声音，应该用到哪种科学工具？

“当然是观察。”邦妮使用音频技术来记录和研究人类是如何相互交谈和彼此听懂的，她与爸爸一起设计了一个计算机神经网络来识别人声的细微差异，并且模拟大脑处理语言。

宾果的工作是把用户想要的大尺寸屏幕折叠成一个足够小的方块，小到

能够插进口袋里。他所面临的挑战不是计算机内部组件——比如CPU或硬盘——这些可以从其他公司采购，而是要想方设法把柔性屏幕做得像手风琴一样伸缩自如。做出原型后，宾果不禁开始担心它的耐久性。

利特尔太太安慰说：“亲爱的，你真是个完美主义者！我们是有最后期限的。我相信这已经足够好了。”

宾果说：“但是，妈妈，我对自己做的事情还一无所知！我肯定遗漏了一些东西。”

挑战：我们应该怎样帮助宾果，缓解他的担忧？

“同行评审和测试。”普林格先生建议，“可以让小狗罗比咬咬看——如果经过‘罗比测试’后电脑还可以照常工作，其他磕磕碰碰就都不是问题了。”

宾果不大情愿地看着罗比啃了他的心血之作。然而被罗比一番折磨后，样机完好无损，宾果甚至没找到任何划痕，他的信心也因此大增。

大结局

利特尔电脑公司正在举办野餐，庆祝他们卖出了第一台“利特尔”电脑。朋友和家人围坐一圈，看着普林格先生展示他全新的“利特尔”电脑。“推销产品会比设计产品还要难！你不妨雇我哟。”普林格先生说。利特尔先生说他会好好考虑的。

普林格先生举起手，示意大家安静。一位年轻的女士出现在屏幕上，她从口袋里掏出一个小盒子，几番展开，变成了一个大屏。她用手轻轻一滑，屏幕上出现了一张胖乎乎、毛茸茸的脸。

“嗨！我是和宝，一只爱说话的沙鼠。我可以回答你的任何问题。”

第四章 CHAPTER

项目和游戏

第 33 课
请你亲自动手吧！

如果你不仅读完了书中所有的章节，还完成了到目前为止的全部练习，你的大脑里估计现在已经塞满了科学方法、对立观点、争论和争吵有什么不同等信息。现在，这些信息就储存在你的大脑中，等着你来使用。你的大脑看起来就像这样：

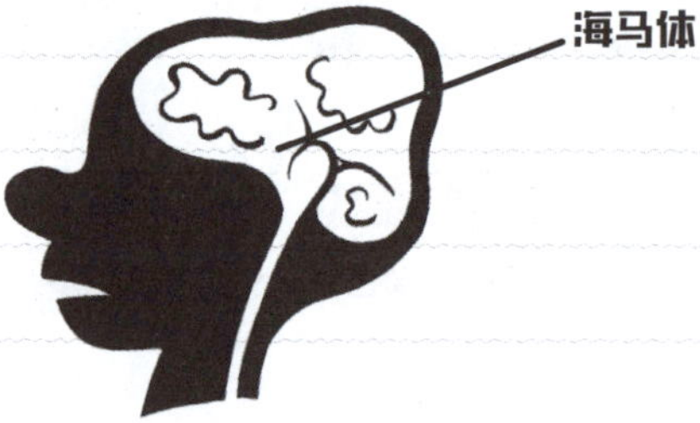

但是，如果大脑中的信息没有被尽快使用到，它的下场很可能是被删除，会很快被其他信息替换。

当你花时间死记硬背的时候，你使用的仅仅是大脑的一部分。而当你仅使用一部分大脑的时候，信息就无法很好地留存下来。

但是，如果你使用这本书中的工具来完成一个项目（比如完成一个科学展或者历史展作品），你就会让大脑的其他部分一起来帮助你记忆。

动手做一个项目吧！这个项目可以是：

1. 参加科学展或历史展，设计展品。

2. 调查一个你感兴趣的话题，比如“尼斯湖怪兽是否真的存在”。

3. 创作一篇推理小说，然后发表在网上。

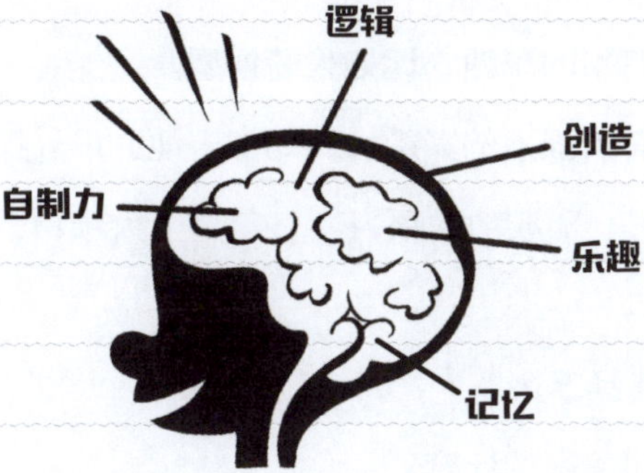

4. 拍摄一部电影短片。

5. 制作一个火箭模型。

6. 在网上创业卖东西。

项目可以是你感兴趣的任何事情，但它需要一个既定目标，比如“搭建核粒子加速器”或是“发明一种超级好吃的饼干”。尽管我们无法告诉你哪个项目最适合你，或者你应该如何完成这个项目，但我们可以提供几个能帮助你的小贴士。

一个成功的项目需要两个关键要素：

1. 你的动力是什么？

2. 从小事做起，开始行动。

你的动力是什么？你擅长什么？你对什么感兴趣？如果当年妈妈逼着我们参加全国拼写比赛，那么我们不仅会取得第873名和第874名的好成绩，还会留下值得珍藏一生的回忆。看，我们都需要某种动力。

你的动力可以是：

1. 想赢得比赛和奖金。

2. 做出某种有用的东西，比如火箭模型。

3. 对于某事有着强烈的兴趣，比如弹吉他、户外探险或彩弹射击。

从小事做起，一个成功的项目不一定是个大项目，千万别一上来就建一艘航空母舰。

从简单的事情着手：

1. 参加你有可能赢的比赛。

2. 研究一个不太复杂的问题。

3. 等你信心倍增的时候，再选定更大的目标。

好了，现在我们该干点什么呢？我建议你用下面两节课来练练手。这之后，也许你可以回到第25课，做一次头脑风暴吧！

第 34 课

旅行者游戏

这个游戏非常适合一群人一起玩。一个人扮演旅行者，他会在心里决定要带某种东西去旅行，其他人轮流来猜旅行者想带的东西是什么。猜的次数没有限制，每个人都可以一直猜，直到猜中。一旦某个人猜中，游戏就结束了。

旅行者想带的东西是个秘密。只有他知道哪个东西是他想要带的，哪个不是，其他人都不知道。他可以暗自决定一个东西，比如，他想要的这种东西，它的第一个字母必须是A。

这时候，如果有人问旅行者："你想带苹果（Apple）吗？"旅行者就可以说："是的，苹果是我想带的。你可以来旅行。"

如果有人问："你想不想带上汉堡包（Hamburger）？"那么旅行者会说："不，这不是我想带的东西，你不能来旅行。"

这个游戏可以演变出各种版本。旅行者可以暗自决定各种各样的规则，比如他想带的东西可以是有生命的（比如蝴蝶），或者是地球上已经不存在的东西（比如恐龙），抑或是现在房间里的东西。

通过这个游戏，你将学会：

1. 仔细观察每个词的特征。

2. 留意数据中的规律。

3. 做出一个假想并来验证它（通过不断去猜不同的东西）。

第 35 课

图书馆的谜团

要想破解图书馆的谜团，一本《思维工具箱》和一个上满发条的头脑是必不可少的。

一个谜团

图书馆坐落在城市中央一座古老的建筑中。这个图书馆不仅拥有大量小说和百科全书，还以收藏了大量稀有书籍和不寻常的书籍而闻名。图书馆总共有四层。

位于一层的是“事实和捏造事实图书部”，所有的非小说类图书都在这里。

位于二层的是“又长又累文学图书部”，所有的小说都在这里。

位于三层的是“文物真品部”，所有古老且珍贵的图书都在这里被保护起来。

位于四层的是“杂七杂八部”，那些不能归入其他三个部分的图书全都放在了这里。

昨天，麦尔维尔的小说《白鲸》的一个稀有版本被人偷走了。这本书可是大大地不寻常！尽管它外表看起来和一本普普通通的小说并无太大区别，但它里面的每一页都是用货真价实的白鲸皮做成的。多年以来，它一直被放在三层“文物真品部”的玻璃陈列柜中。

你的任务是找出：

1. 谁偷了这本书?

2. 他/她是怎么把这本书带出图书馆而没有引起其他人注意的？

3. 这本书现在在哪里？

规则

1. 如果你在一条线索上卡住了，就跳到下一条线索。但是，你最好一次集中攻破一条线索。

2. 你可以从其他信息源（包括百科全书和互联网）获取信息，也可以向父母或老师寻求帮助。

3. 一旦你认为找到了破解线索的方案，就应该把它记录下来以备后用。

4. 一旦你认为自己找到了上面三个问题的答案，就可以翻到本书的最后对照一下答案。说不定你的答案更有趣。

嫌疑人

图书馆工作人员

1. 弗里，在一层的“事实和捏造事实图书部”工作。

2. 露西，在二层的“又长又累文学图书部”工作。

3. 阿泰丝，在三层的“文物真品部”工作。

4. 修伊，在四层的“杂七杂八部”工作。

5. 拉蒙特，图书馆馆长，在借书处工作。

6. 格雷格，清洁工。

7. 梅琳达，馆长助理，也在借书处工作。除此之外，她还负责把图书馆门外“借阅归还箱”中的书拿进图书馆。

8. 高斯，保安，喜欢在图书馆里跑来跑去，在本子上写来写去，就为了显得自己很有用。

图书馆内的读者

9. 葛鲁伯，几乎每天都来图书馆。他喜欢读小说，但只喜欢那些通俗易懂、情节轻松的小说。

10. 苏苏，当广播中宣布图书被盗时，她正在一层的“事实和捏造事实图书部”阅读一本和观鸟有关的书。

11. 克劳德，当时正在二层的“又长又累文学图书部”读《悲惨世界》。

12. 弗兰克，正在四层的“杂七杂八部”的电脑上研究给豪猪拔毛的最佳方法。

线索

线索1

图书馆清洁工格雷格：早上10点30分，我正在三层的“文物真品部”打扫卫生，当时我看见《白鲸》那本书在玻璃陈列柜里，我敢肯定。它一定是在10点30分之后才被盗的。

阿泰丝：太可怕了！我刚午休回来，走进“文物真品部”，发现陈列柜的门开着，《白鲸》已经不见了。我觉得那会儿大概是12点30分。

线索2

小偷的名字汉语拼音的第一个字母和丹麦首都拼音的第一个字母是同一个。

线索3

苏苏、克劳德和弗兰克对于谁偷了这本书意见不一，他们中间只有一个人在讲真话。

克劳德：我很肯定是清洁工格雷格偷走了这本书。

苏苏：不是清洁工格雷格偷的。

弗兰克：偷书的是馆长拉蒙特。

从以下证据中，判断一下上面三个人谁说的话可信度最高。

弗兰克说苏苏在撒谎。

苏苏说她认识克劳德，而且知道他是个骗子。

克劳德说不能相信苏苏。但是间接证据表明，克劳德是个骗子，这意味着不能相信克劳德。

弗兰克有充分的理由撒谎。

线索4

这条线索是一连串的选择题。请你选择每个问题的正确答案，然后把答案前面的字母拼在一起，读出它们组成的汉语拼音，你就会知道《白鲸》现在在哪里了。

（1）如果你划着独木舟旅行并且受到了咸水鳄的攻击，那么你现在最有可能在哪里旅行?

hu. 澳大利亚

hua. 欧洲

si. 北美洲

（2）下面哪家知名的连锁店的名字来自麦尔维尔的《白鲸》一书?

y. 麦当劳（McDonald’s）

an. 星巴克（Starbucks）

cen. 必胜客（Pizza Hut）

（3）考拉属于下面哪一种动物？

sh. 有袋动物

u. 非濒危物种

g. 冬眠动物

（4）诺贝尔奖不包括下面的哪一个奖项？

an. 经济学

u. 数学

l. 医学

（5）如果非洲杀人蜂攻击你，你应该如何保护自己？

ch. 拼命跑到最近的房子里或汽车中。

l. 把衬衫拉到头上，然后把身体蜷缩。

ou. 切勿前往非洲国家。

（6）如果你的手电没电了而且是独自一人，你应该如何在黑暗的洞穴中找到出口？

i. 用你的衣服点火，然后借助这个火光寻找出路。

li. 把你的手扶在右侧的墙上，一直走，直到你找到出口。

u. 在你去岩洞之前，告诉其他人你要去哪里以及要走多久。在你的手电没电后，少安毋躁，等待有装备的救援人员前来营救。

线索5

在第4课《事实、推论和观点》的练习中寻找线索。做出推论的这个人所说的是实话。

线索6

请破解“BRAINY IRL”这条英语密码。提示：你可以将这些字母重新排序，看看能获取什么关于失窃图书的重要信息。

线索7

在第8课《什么时候不该用逻辑》的练习中寻找线索。最有逻辑的人说的是实话。

线索8

失窃的图书现在就在两本书中间，一本书是狄更斯写的《雾都孤儿》，另一本书是达尔文的著作《物种起源》。别忘了，图书馆里面不同种类的图书都放在不同楼层，所以哪里会出现这种情况呢？

线索9

葛鲁伯:《雾都孤儿》是一部让人难过的小说。我借了这本书，但是才看了个开头就觉得它太压抑了，所以就把它丢回了借阅归还箱。之后我在图书馆又借了一本书，在图书馆外的花园里看了个开头就不想看了，只好把它还了。然后我就回家了，那时候刚刚过了中午吧。

线索 10

这条线索藏在密码中。你的工作就是来破译这个密码。这条密码信息为“DEMQGKBGRMT”。

这种密码信息被称为加密密码，因为你需要一个加密词来对其进行解码。这个加密词就是“EASY”。

请你去第 24 课《如何成为敏锐的观察者》中找出加密密码的工作原理，然后再回来破译这条密码。

到此为止，你一定积累了不少有用的线索。现在，你能回答前面的三个问题了吗？你也可以试着推理一下，看看到底发生了什么。

第五章 CHAPTER

参考答案

第1课：什么是思维工具？

一

1.值得相信。

2.不值得相信。

3.值得相信。

4.不值得相信，而且我们会建议让你的宿敌先把它拿在手里。

5.值得相信。

二 乙。

三 答案因人而异。

四“扑克脸”皮特和“小孩儿”都以为“铁锈”就是“死眼珠”丹尼。他们俩双双拔枪向他开枪，不仅都没能打中“铁锈”，反而射中了对方。

第2课：讨论、分歧、争论和争吵

1.分歧。

2.争论。

3.分歧。

4.讨论。到最后，他们之间不存在任何不同意见。

5.讨论。

6.分歧。

7.争吵。他们说的话都很难听。

第3课：什么时候争论是愚蠢的

一

1.应该争论。

2.不应该争论。争论这个问题毫无意义。

3. 应该争论。

4. 不应该争论。很明显，这个人对事实不感兴趣，跟他争论纯属浪费时间。

5. 不应该争论。这是一个毫无意义的争论。

6. 不应该争论。赶快跑开，越远越好！

二

1. 给出了论证，这是要吃胡萝卜的一个理由。

2. 否（没有给出论证）。

3. 给出了论证，也可能仅仅是提出了主张。

4. 给出了论证，向每个人说明了他们要把口袋和钱包掏空的理由。

第4课：事实、推论和观点

一

1. 推论。

2. 根据事实做出的推论。

3. 事实。

4. 事实。它可以通过检查鲸鱼来验证。

5. 事实。

6. 观点。

7. 观点或者推论，取决于她为什么认为撞车的人是故意的。

二

1. 不是。没有死的那个人可能杀死了躺在地上的人，而死者在死前进行了自卫。

2. 不是。这种情况极其少见。

3. 是的。

4. 不是。

三 弗里在陈述事实；修伊在做推论；拉蒙特在陈述观点。

第5课：寻找前提和结论

1.是论证。结论：我现在就要吃糖。前提：奶奶让我想什么时候吃就什么时候吃；也许我等会儿会肚子疼而不能吃；我可能等会儿就忘了要吃它……

2.不是论证。这几句话之间没有任何关系。

3.是论证。结论：中西部城镇是好地方。前提：这里很安全，因为每个人都彼此认识。

4.是论证。结论：哲学就是胡说八道。前提：哲学家们所说的任何话都没法验证。

5.不是论证。

6.是论证。结论：苗条剂可以让你照吃不误，还能减肥。前提：苗条剂使食物难以被肠道消化吸收。

7.是论证。结论：我们可以制造高速悬浮列车。前提：猫吐司装置会悬停。

第6课：如何列出你相信某件事的理由

一 纳撒尼尔认为他桌上足球玩得更好，因为他移动球员的速度快，射门快，他更有劲儿。汉斯认为自己玩得更好，因为他赢得了更多的比赛。

二

1.（1）哥伦布航行到美洲时并没有从地球边缘掉下去。（2）天文学家从太空拍摄了地球的照片，它看上去是球形的。（3）每个人都知道它是球形的。

2.（1）地平线看起来是平的。（2）很久以前，包括科学家在内的所有人都相信地球是平的。（3）如果地球是平的，那么从地球边缘俯瞰会很有趣。（4）在地球边缘，我们立个牌子“小心坠落”。

3.（1）很多人都说它好吃。（2）里面有很多糖。（3）没有茄子味。

4.（1）当它乱七八糟的时候的确看起来很像。（2）外太空看起来很可能就像一间卧室，而没人会注意到它。

三

a.可能是好理由。

b. 是好理由。

c. 它本身不能算是一个理由，只是驳斥了那些相信地球是平的的人的观点。

d. 不是很好的理由。即使地球是平的，高高低低的地势也会让河水流动。

第7课：如何打败你自己的论证

相反的论点

1. 是的，这意味着它们吃得更多。

2. 是的，但是它们可能会咬邮递员，然后你就会被告上法庭。

3. 有些人喜欢耷拉的耳朵。

4. 是的，聪明的狗比笨的狗更能惹麻烦。

相反的论点

1. 你怎么知道这本书说的是正确的？你去太空看过吗？

2. 什么百科全书？你怎么知道百科全书不是在撒谎？也许这是一个巨大的阴谋。

3. 但是住在赤道以北的人多于住在赤道以南的人，这仍然是不公平的。

第8课：什么时候不该用逻辑

1.b

2.b

3.c

4.c

5.c

6.a

7.a

第9课：使用正反观点表格

1. 答案因人而异。

2. 答案因人而异。

3. 答案因人而异。

第10课：截然相反的观点随处可见

1. 答案因人而异。

2. 答案因人而异。可能的答案：德国牧羊犬不忠诚，实际上它们经常攻击主人。

3. a丙。他并没有反对其他两个人，只是指出了一个不同的事实。

   b没有人。他们每个人都有不同的观点。

4. 圈画：3、4，4、5、6。

第11课：好证据，坏证据

1. c

2. c

第12课：不要相信你听到的所有事

一 如果你不清楚你的信息源是如何获得他所说的信息的——他怎么知道他所知道的——那你就应该把这个信息源视为不可靠。

二

1. 不可信。

2. 可信。

3. 不可信。

4. 可信。

三

1. 不会转发。既然首富公司的官方网站已经确认，你可以去该网站查一查。

2. 根据自己查到的情况如实填写即可。

第13课：一手信息源还是二手信息源？

1. 二手。

2. 一手。

3. 二手。

4. 二手。

第14课：谁有动机撒谎？

一 我们应该偏向那些没有动机撒谎的人的证词。

二

1. 没有撒谎的动机。

2. 没有撒谎的动机。

3. 没有撒谎的动机。

4. 有撒谎的动机。他可能想出名或是希望发生其他对自己有利的事。

5. 有撒谎的动机。他可能在卖药。

三

1. 没有撒谎的动机。

2. 没有撒谎的动机。

3. 有撒谎的动机。

第15课：补强证据

一 补强证据越多，这个信息源就越可信。

二

1. 是佐证。

2. 是佐证。

3. 不是佐证。

4. 是佐证。

5. 不是佐证。

6. 是佐证。

三

1. 没有理由。

2. 有理由，因为他想卖药。

第16课：油画被盗之谜

1. 管家是一手信息源，他看见“小拇指”透过窗户往里看。

2. “小拇指”。

3. 管家没有撒谎的动机。

4. 流浪汉“小拇指”晚上在庄园附近闲逛，这件事支持了管家的证词。

5. 答案因人而异。

6. 麦克莱里夫人是一手信息源。

7. 麦克莱里夫人有撒谎的动机，她可能想骗取保险费。

8. 在麦克莱里夫人的证词中，一部分可以被佐证：被撬开的窗户、在庄园周围闲逛的“小拇指”、管家说的话。

9. 她说偷这幅画的那个人看起来像流浪汉，但她仅仅看到他的背影，而且是在夜晚，还隔着很远的距离。另外，如果她确实看到有人拿着油画跑开，那她肯定会怀疑她的房子刚刚被盗。再有，在灌木丛中发现了画框，但按照她的故事，听上去油画应该仍在画框中。

10. 答案因人而异。

11. 不是。诺顿夫人是二手信息源。

12. 不确定她有没有撒谎的动机，但从她的说话方式来看，她似乎不喜欢麦克莱里夫人。

13. 诺顿夫人的观点是画是麦克莱里夫人自己偷的，流浪汉“小拇指”的话支持了这个观点。

14. 流浪汉是一手信息源。

15. 他有撒谎的动机；管家和麦克莱里夫人的话可以证明。

16. 灌木丛中发现的画框印证了他说的话。

17. 某些人可能会因为“小拇指”是个流浪汉就不相信他的话，我们认为这对“小拇指”不公平。但是，他确实有足够的动机撒谎。

18. 他应该在窗口附近和画框上提取指纹；应该问问保险公司，了解一下这幅画投保了多少钱；还可以在房子附近找一找这幅画。

第17课：疑云越来越重

油画被盗之谜真相

警长：麦克莱里夫人，恐怕我要告诉您一个坏消息。

麦克莱里夫人：如果是关于那幅闹心的画，我才懒得知道。

警长：嗯，看起来小偷已经把它烧掉了。

麦克莱里夫人：他抢在我前头了，我还打算亲自烧呢，如果我能找到它的话。我不敢相信那个卖画的骗子居然把我骗了，我刚刚听到了关于马努的最丢人的事，真不敢相信我曾经喜欢过这幅画。

现在，你知道是谁偷了这幅画吗？

金伯利：我觉得是管家干的。除了麦克莱里夫人，他去壁炉那儿最容易，并且画框和窗台上都发现了他的指纹。

警长：管家，偷画的人是你，烧了它的人也是你，对不对？

管家：是的，警长，都是我干的。我不得不这么做，因为我要保全麦克莱里夫人收藏品的名声不被玷污。而且，我也无法忍受每天都要面对这幅画。像您说的，我就这么做了，我打算事后再告诉麦克莱里夫人有关这幅画来历的那些可怕的细节，以此来减轻她的悲伤。您知道吗，警长，我才得知这幅画的作者马努是猩猩家族的一员。

警长：什么家族？

管家：让我再说得明白一点儿，马努就是一只红毛猩猩，它是在婆罗洲被人捕获的。我相信他的主人训练它画画，然后带着它满世界展示，哗众取宠，赚了不少钱。我听说这幅《野餐》是在它穿越撒哈拉沙漠时完成的。

警长：别告诉我这是一只红毛猩猩骑着骆驼画的。

管家：别人向我讲述的恰恰如此，警长，听说这只猩猩作画的时候还喝得醉醺醺的。

警长：这真是闻所未闻！但是管家，流浪汉是怎么回事？他跟整件事无关对吗？

管家：完全无关，警长。近来夜晚十分寒冷，我相信流浪汉在看守所中反而会感到舒服一点。您还有别的问题吗？

警长：没有了。你可以走了。

管家：警长，请允许我多问一句，我会因为这幅画而被指控犯罪吗？

警长：我认为不会，这个世界已经看够了马努画的《野餐》。

第18课：O.K.牧场的枪战

一

1.是的。

2.他认为是警长他们导演了这出戏，借着执法的名义把这些牛仔通通干掉。他没有说明。

3.没有。

4.他们打算离开镇子。

5.是的。但是他声称警长他们没有给牛仔们足够的时间投降。

6.厄普三兄弟和医生。

7. 没有。

8. 牛仔们的证词。

9. 可信：格雷先生没有撒谎的动机。不可信：我们不知道他对于枪战的实际情况看得有多清楚。

二

1. 他说是医生先开的枪；他说他们背对着他，所以他没有最佳视野；他没有动机撒谎。

2. 他说是医生和摩根最先开的枪；他看得很清楚，因为他参与了枪战；他有说谎的动机，因为他在牛仔一方。

三

1. 这似乎表明维吉尔试图通过发出警告来避免一场枪战；他的视野很好；他有说谎的理由。

2. 这似乎表明厄普兄弟没有给克兰顿他们足够的时间投降；从他描述场景的方式来看，他恐怕没有一个清晰的视野；他没有撒谎的理由。

3. 金太太的话似乎表明，厄普他们就是打算跟克兰顿他们打一仗，没打算先让他们缴械投降；她的视野很好；她没有理由撒谎。

四

1. 这似乎证实了克兰顿他们打算杀死厄普他们的事实，但是维吉尔·厄普有说谎的动机。

2. 这表明艾克打算杀了医生；凯特·埃尔德有动机撒谎，因为她是医生的朋友。

3. 答案因人而异。

第19课：可能性有高下之分吗？

一

1. 完全不可能。他们不是同一时期的人。

2. 存在这种可能性。

3. 很可能为真。

4. 存在这种可能性。

5. 很可能为真。美国航空航天局是这方面的权威机构。

6. 很可能为真。

7. 存在这种可能性。

8. 完全不可能。4岁的孩子独自攀登珠穆朗玛峰是不合理的。

二

1. b 如果富硒养生杯的价格在过去的200年来都没什么变化，它也不太可能在今天暴涨。

2. a

第20课：间接证据

一

1. 很可能是真的。根据证据3，劳德摩尔勋爵就是在那个时间死亡的。这支持了司机的说法。

2. 很可能是真的。证据3和证据4支持这一点。

3. 有可能是真的。尽管我们知道他确实报警了，但我们没有证据表明他说的其他事情也是真的——仅仅是存在这个可能性。

4. 不太可能是真的。根据证据7，除了医生和管家，摄像头没有拍到其他人。

5. 如果我们仅考虑搜集到的间接证据，这有可能是真的。但如果我们把大卫·麦克卢尔和医生的证词一并考虑，我们可以说这很可能是真的。

6. 不太可能或者不可能。很难用物理原理解释这一现象。

7. 有可能是真的。我们没有确切证据支持或者反对这一点。

8. 很可能是真的。证据6说劳德摩尔勋爵的外套上有雕像的碎片，这意味着雕像有可能是在他死的时候被打碎的，这支持了管家的话。

二

答案因人而异。也许警长应该问问麦克卢尔先生是如何离开房子的，因为他没有出现在前门的监控记录中。警长也可以在枪上提取指纹，还可以看看劳德摩尔勋爵身中的子弹来自哪把枪。

第21课：让人百思不得其解的新进展

谜底揭晓

警长：昨晚开枪打死劳德摩尔勋爵的人就是你。

大卫·麦克卢尔：是的，看来我想瞒也瞒不住了，但我开枪是出于自卫——

我和劳德摩尔勋爵是在昨天拍卖会上认识的，他邀请我晚上去他家里看看他收藏的雕像，而且他显然对我的雕像格外感兴趣。当我到他家时，拉德克利夫医生已经在那里了。晚餐过后，劳德摩尔勋爵要求看看我带来的雕像，他叫它“匹诺曹”。我从包裹中把它拿出来，放在了桌子上。

劳德摩尔勋爵的情绪很激动，他说：“我可以付给你很多很多钱。”

整个场面让人感觉很诡异。劳德摩尔勋爵曾经说过他自己是一位收藏家，但他显然对我的雕像的艺术、工艺不甚了解。

我拒绝了这桩交易。

之后，他表情阴晴不定地坐在那儿。然后他站起身来，走向厨房，他回来后就态度生硬地让医生离开。

医生走后，劳德摩尔勋爵带着我在房子里看了看。他收藏的雕像算不上精妙绝伦，许多都已经破碎，却还摆在那里。这让人感觉很奇怪。他经常往窗外张望，有一次他甚至起身离开了房间一会儿，我不知道他去干吗了。

然后，他就更加坚决地要求我把雕像卖给他。“勋爵，”我说，“我无意卖掉它。”

“啊，是的，”他说，“和我一起来楼上一趟，我给你看一样东西，你就会改变主意。”

我跟着他去了他的书房，随身带上了雕像。我总觉得他带我来这个房间是个阴谋，我不得不心存戒备，而我的担心很快就得到了证实。进入房间后，他淡定地走到书桌前，拿出了左轮手枪。

“麦克卢尔先生，恐怕我没耐心再跟你讨价还价了，我对你手中的东西志在必得。”

我被迫交出了雕像。然而，劳德摩尔勋爵并没有把枪放下，反而将子弹上了膛。

不管去哪里，我都会随身带一把左轮手枪，就藏在腰带里。我掏出枪来，意图自卫。

两把枪同时开火了。我不知道劳德摩尔勋爵的子弹射到哪里去了，但我的子弹穿过雕像打中了勋爵。他倒在了地板上，身上全是匹诺曹的碎片。我拾起碎片，把它们放在壁炉台上，走下楼梯，从后门离开。

就在那时，我注意到外套的一侧有个弹痕。我脱下外套，把它仔细藏在房子后面的灌木丛里。

警长：这个故事听上去很有意思。劳德摩尔勋爵为何非要这个雕像不可？

大卫·麦克卢尔：也许他想要的不是雕像本身，而是雕像里面的什么东西？如果您没有其他问题，我现在就打算走了。

第22课：科学家鼹鼠先生

一

1. 是对海啸的科学解释。

2. 非科学的解释。

3. 是科学的解释。父亲认为白天运动量不足可能会导致不良的睡眠习惯。

4. 是科学的解释。

5. 是科学的解释。

二

1.b

2.b是一种解释，而a不是。

3.b

4.c

第23课：科学家的百宝箱

一

1.d他应该至少再进行一周实验。但是其他选项也不错，答案可能会因人而异。

2.b寻求建议是个好主意。

3.c如果他读一读对话框中的信息，就有可能知道飞行模拟器为什么不能用了。也许对话框是提示他“请插入飞行模拟器驱动盘”。

二

1. 答案因人而异。

2. 没有什么问题。他有一个想法/假想，于是他验证了他的想法/假想，但是失败了。这会帮他积累经验。他下次可以试试茄子酱，而不是苹果酱。

第24课：如何成为敏锐的观察者

一

1. 使用雨量计，并把数据记录在观察日记中。

2. 用一根牙签戳一下饼干中心，然后拔出牙签，看看上面是否有面糊；在书里或网上查一查，看看什么样的情况代表饼干已经烤好了。

3. 使用电压表测一下。

4. 你可以一根一根地数，但很快就会头晕眼花。你也可以把头发平均分成若干份儿，数一数其中一份，然后进行估算。

5. 找一个精确的方法来确定今天日落的时间，一周后再记录一次，把两次时间进行比较。你还可以把你的数据与气象台发布的信息进行比较。

6. 不能。你无法知道你分辨不出的颜色，你需要一个不是色盲的人来帮忙。

二

1. 答案因人而异。

2. 答案因人而异。

3. 答案因人而异。

三

1. 阿曼德通过保留观察记录来证明他的记忆是准确的。

2. 巴斯克姆先生使用他的观察、分析能力来破译密码。

四 箭头所指的就是冥王星。

第25课：头脑风暴

1. 答案因人而异。

2.b和g。

3. 答案因人而异。比如：（1）萨兹为什么会叫。（2）阻止萨兹乱叫的方法。（3）无须阻止萨兹乱叫的方法。

4. 他们首先应该弄清楚萨兹为什么乱叫，在没有弄清楚原因之前就试着解决问题可能会更麻烦。虽然让狗住到房子里或是搬家可能会解决问题，但也可能因此导致其他问题出现。

第26课：假想不是胡思乱想

—

1. 太宽泛了。建议改为：这种洗衣粉的去污能力比我以前使用的洗衣粉要差。
2. 不够明确。建议改为：房子外面的温度是零下30摄氏度。
3. 不够明确。建议改为：按下电源按钮后，这台电脑无法开机，可能是因为电源有故障。
4. 不够简洁，这里貌似包含不止一个假想。建议拆分成“这辆车的空调不能充分制冷，太热会使人感到不舒服”和“当温度高于37摄氏度时，很多人都会觉得呼吸困难”。
5. 太宽泛了。建议改为：饮食中含有大量糖分的孩子与饮食中含有较少糖分的孩子相比，前者更容易喧哗吵闹。
6. 这是一个好的假想。
7. 无法验证，我们不得不检查所有蓝莓的颜色。建议改为：大多数的新鲜蓝莓都是蓝色的。
8. 这是一个好的假想，但验证它很危险。
9. 不够明确，在抽检中检出了多少剂量的禁用农药呢？建议改为：在抽检过程中发现，22%的食品中含有超过1毫克/公斤的禁用农药。

第27课：如何证明你是错的

1. a很容易验证，b在今后的很多年都无法验证，而c的验证代价非常高。
2. a是最容易验证的。b不好，因为这样他就无法使用手机和平板电脑了。c是不切实际的。

3.c是最容易验证的。a不是一个好的预测，因为客户不太可能抱怨葡萄干太多。b不是一个好的预测，因为效率太低了。

4.d有可能是一个很好的预测，尽管这有可能损坏她的汽车。c也有可能是一个合理的预测，尽管它依赖其他登山者的测试。a和b均不是好的预测，因为它们不能验证绳子的结实程度。

第28课：一个好实验

一

1.b实验变量是温度。对照组是1920年之后的气象记录。此外，气象记录比人们对事件的记忆更准确。

2.d具有单一实验变量和对照组。

3.d

二

1. 实验变量是蚂蚱和蛐蛐的弹跳能力，也就是珍妮正在比较的东西。缺陷是可能还有其他因素会影响两者的弹跳距离。比如，背后的敲击声可能会刺激蚂蚱跳得更远，而蛐蛐必须要兴奋起来才会跳得远。珍妮可以换着使用不同的方法来刺激蚂蚱和蛐蛐。这个实验中没有明确的对照组，不过在比较两组事物（蚂蚱和蛐蛐）时，有时也可以没有对照组。

2. 实验变量是拔枪速度。没有对照组。警长希望歹徒不要再重复这个实验了。

3. 实验变量是她的照料与斑比诺夫人的照料之间的区别。这里没有对照组。这不是一个很好的实验。

4. 实验变量是三种织物柔软剂之间的差异。对照组是每个人对原来的柔软剂的主观感受。在这个非正式的实验中似乎没有什么明显的缺陷。

5. 实验变量是医生是否洗手。塞梅尔维斯医生的观察让他发现了无菌的重要性。后来，他的工作让路易·巴斯德受益匪浅。（路易·巴斯德，法国微生物学家、化学家，微生物学的奠基人之一。他以发明预防接种方法以及巴氏消毒法而闻名。）

第29课：如何分析数据

1.b实验不支持伯特的假想。

2.a数据似乎支持这一结论。咖啡因似乎与减轻偏头痛症状的相关性最高。

3.c数据模棱两可。感冒症状通常在几天内就会自行消失，即使家人感冒了，自己也不一定就会被传染。

4.b数据不支持他的假想。

5.a昵称的变化似乎与“仙人掌事件”有关。警长希望把自己打造成一个像高大的仙人掌一样的硬汉形象。

6.c这个数据非常模棱两可，因为关于粉红犀牛的假想无法被验证。

7.d这个数据太让人惊讶了！难道洗衣粉根本不能清洁衣服吗？还是说这是洗衣粉生产厂家的阴谋！你应该重复这个实验。

第30课：边听边学

1.伯特应该问他的妈妈这个词是什么意思。甲壳亚门动物属于节肢动物门，包括虾和螃蟹。如果你不了解你要研究的主题，就应该多问问懂的人，让他们来帮忙。

2.珍妮应该把她的作品分享给朋友，看看它是否符合科学展的规定。为了让彼此都能从同行评审中获益，科学家们必须相信其他人是诚实的，不会盗用他们的想法。

3.霍华德没有办法知道他的想法是否被别人尝试过，除非他愿意把自己的想法公布。

4.这跟科学无关，但是研究一下岩洞蟋蟀可能有助于泰拉克服恐惧。之后她就会知道，她完全可以把岩洞蟋蟀轰走，然后继续她的洞穴探险。另外，蟋蟀是我们的朋友。

5.听上去挺不错的。这是一项很好的研究。

第31课：伪科学

1.a 他得到了医生的建议，而且他并没有夸大阿司匹林的益处。

2.b 没有提供任何证据，而且对反对他观点的科学家嗤之以鼻。

3.b 夸大其词的说法，没有说明研究是如何进行的，而且这名医生的背景和学历也值得怀疑。

第35课：图书馆的谜团

1.这本书被盗的时间在10:30—12:30之间。

2.字母G。丹麦首都是哥本哈根（G）。

3.苏苏似乎是最可靠的，因为我们知道另外两个人不能信任。

4.huan shu chu（还书处）。咸水鳄主要生活在澳大利亚；《白鲸》中亚哈船的大副叫斯达巴克（Starbuck），他酷爱喝咖啡；考拉属于有袋动物。

5.这本书已被人借出或仍在图书馆中。

6.In library（在图书馆）。

7.这本书不在图书馆里。

8.这本书夹在了一本小说和一本非小说之间，所以它只可能在还书处。还回来的图书还没有被整理。

9.葛鲁伯中午把这本小说放进了借阅归还箱。

10.GAO SI MEI TOU（高斯没偷）。

谜底揭晓

书是葛鲁伯拿走的。他看见这本书在三层的陈列柜里，就把它拿出来了，他并不知道他不应该这么做。然后他拿着这本书去了借书柜台，拉蒙特稀里糊涂地帮他办理了借阅手续，却没有注意到这是一本特别的书。

他坐在图书馆外面的长凳上，开始看这本书，才看了一页就看不下去了，然后决定不再往下读，把它丢进了借阅归还箱。